安全四学

安全・安心・
ウェルビーイングな
社会の実現に向けて

向殿　政男
北條理恵子　著
清水　尚憲

日本規格協会

まえがき

本書は、安全に関する基本をわかりやすく、皆さんに伝えるために書かれた入門書です。

最近、安全・安心という言葉が至るところで使われるようになりました。時代が、安全・安心の大事さを認め、それを求めるようになってきたのだと考えられます。しかし一方で、事故、災害、疫病などが常に私たちを襲い、心配が尽きないのが現実です。しかも、不安をあおる報道やネット上の怪しげな情報が広がり、私たちは常に惑わされ、右往左往しています。このような時代に、しっかりと自分というものをもち、自分で判断することができるためには、どうすればよいのでしょうか。そのためには、私たち全員が、安全についての基礎的な知識と考え方を理解している必要があります。すなわち、安全の本質を知って、そもそも安全とはどのような考え方で、どのように確保され、どのように維持され、どのように判断されるのかを知って、自分で安全について冷静に考える習慣を身に付ける必要があります。本書は、そのために少しでもお役に立てればと考えて書かれています。それだけではありません。安全の専門家にも、また、安全に実際にかかわっている人々にも、体系的に安全を俯瞰し、自分の仕事の位置付けを確認するために、そして本書から何らかのヒントを得て、他の分野の安全に学ぶためにも、大変役に立つ内容になっているはずです。

誰でも知ってほしい安全の常識をまとめて体系化しようという試みは、安全学（safenology）の目的の一つです。本書は、この安全学を基礎安全学、社会安全学、経営安全学、構築安全学の四つに構造化して説明をしています。基礎安全学とは、それこそ安全のどんな分野でも、どんな立場の人でも知ってほしい安全の基本を紹介しており、残りの三つの安全学の基礎になるものです。社会安全学は、一般の人々が知ってほしい、社会を安全にしているいろいろな仕組みや制度などを紹介しています。経営安全学は、企業や組織を経営する立場にある人が、役割上知っていてほしい経営における安全の位置付けや社会貢献の重要性などを組織的な観点から紹介しています。そして、構築安全学では、実際に安全を設計し、管理・運営する人のために安全技術を中心として紹介している少し専門的な分野です。

一般の消費者には、まず、基礎安全学を読んでいただきたいと思います。そして、もし興味があれば他も三つの中の興味ある安全学を読んでいただければ、安全について深い理解が得られると思います。安全に携わっている方々は、基礎安全学の後に自分の仕事に関係したところをまず読んでいただきたいと思います。安全学全体を勉強したい方は、本書に書かれた順番に、基礎安全学、社会安全学、経営安全学、構築安全学の順番に読まれることをお勧めいたします。

本書は、講演における話の内容を書き起こしたものなので、文章にしてみると実に、あきれるほど、重複したり冗長だったりするところがあります。しかし、できるだけそのまま再現することにしました。いたるところで同じような話が出てきますが、あえてそのままにしたのは、重複しているのは大事なところであると考えたからです。もう一つ、本書の大事な特徴は、わかりやすさを大事にして厳密さを省き、大まかなことしか言っていないということです。しかし、本質的な部分はきちんと押さえているつもりです。専門的な観点からすれば、正確でないところや少しいい加減なところもありますが、大枠をわかりやすく紹介するには避けて通れないと考えて、お許しを願いたいと思います。

本書には、講演で使ったいくつかのパワーポイントが掲載されていますが、そのパワーポイントの内容を読むだけでも、ほぼ、内容は理解できるように構成されています。

ぜひ、気軽に読んでいただければ幸いです。

なお、本書は、向殿がパワーポイントを用いて講演で話した内容を、北條、清水が文字に起こし、三人で読み合わせて文章になるように調整、整合化して、まとめたものです。また、1・13「安全における人の行動と定量的評価」は北條が、4・3(5)「支援的保護システム」は清水が、追加しました。

2021年10月

向殿　政男

目次

第2章　社会安全学

第3章 経営安全学

第4章 構築安全学

事故に学ぶ

第1章 基礎安全学

この章では、誰もが知っておいてほしい安全の常識をまとめました。ほとんどの人にとってはあたり前のことでしょうが、確認して、ご自分の考えを整理してみてください。

ふだんは安全について、特に深く考えたことがないかもしれません。それでは、安全とは何でしょうか。身の回りの安全はどのように確保されているのでしょうか。関係者はどんな役割を担っているのか。自らの安全、社会の安全を考えるきっかけとしてみてください。

本章は、この後に述べる社会安全学、経営安全学、構築安全学の基礎となるもので、いずれの安全学もこの基礎安全学の理解のうえに成り立っています。

1・1　安全の意味

◉安全の意味

安全という言葉の意味するところから考えてみます。

「事故が起きない」安全、「けがをしない」安全。いろいろな場面で使われ、また人によって使い方も異なるでしょうが、そこに共通する意味合いを、常識的に、素朴な感覚で捉えてみましょう。

安全であるとは、危険ではないことです。「けがをしない」、「物が壊れない」、これが通常、口にする安全です。このとき、けがをしたり、物が壊れたりする危険な状態は、目で見て捉えられたり、予測できるかもしれないし、直感が働くこともあるでしょう。ところが**危険ではない状態は目に見えない。**「これが安全」と具体的に示しづらいのが安全の特徴です。もちろん危険な状態も、その全てを見つけ出すことは人間の力では難しいでしょう。

また、同じ危険な状態といっても、程度の差があります。「非常に危険」、「それほど危なくはない」と、危険の度合いは様々です。同様に、安全な状態にも「ほぼ安全」、「少しの危険性はあるがだいたい安全」などの幅があります。この一言で言い切れない部分について、深く考えていきましょう。

◉安全の一般的な定義

国語の辞書を引くと、安全とは「あぶなくないさま、物事が損傷・損害・危険を受けない、または受ける心配のないこと」と書いてあります。危なくないこと、物がなくならないこと、心配がないことなどが安全である、というわけです。

一方、「人とその共同体への損傷、ならびに人、組織、公共の所有物に損害がないと客観的に判断されること」という定義もあります。

客観的に安全を定義することは困難ですが、誰が見ても危険性がないと思われるとき、我々はそれを安全といいます。そしてこの安全は内容的に大きく二つに分けて、「人体の損傷」と「物の損害」の可能性がない（少ない）ことと考えられます。これが安全の一般的な定義といってよいでしょう。もっと広く安全を捉える考え方もありますが、とりあえずここではこの二つに絞ります。

◉包丁は安全か、危険か？

小学校で安全の話をすることになり、「包丁は安全か、危険か」と3、4年生に聞いたところ、ほとんどの生徒が危険だと答えました。

「ならば、そんな危険なモノをなんでお母さんが使うの？　危険なら使用禁止、発売禁止にしたらどう？」

「それは困る、包丁がないと料理できないし不便だ」、「危険なモノでもお母さんが使うんならいい」

「じゃあ3、4歳の子どもが包丁を振り回したらどう？」

「危ないから取り上げる。禁止したほうがいい」

安全の一般的な定義

- 「**あぶなくないさま**。物事が損傷・損害・危険を受けない、または受ける心配のないこと」1)
- 「人とその共同体への**損傷**、ならびに人、組織、公共の所有物に**損害がないと客観的に判断されること**である」2)

1）　西尾実ほか編（1963）：岩波国語辞典 第二版，岩波書店
2）　文部科学省（2004）：「安全・安心な社会の構築に資する科学技術政策に関する懇談会」報告書

包丁は便利ですが、反面危なくもあります。お母さんは包丁が危ないものだと十分わかっているからこそ安全に使いこなせます。その危険性がわからない子どもは、使ってはいけない、取り上げなければなりません。ここに安全の本質があります。

使用する人や条件によって、安全でもあり危険でもあるのです。そして、どんな場合にも危険が全くない状態はない。お母さんは便利な包丁を、危険を覚悟で安全に使っている、これが安全の基本的な考え方です。

1・2　安全の大前提

◉安全の大前提

安全には、常識といってもよい三つの大前提があります。第1の大前提は、物はいつかは使えなくなるということです。機械・設備・製品などは、劣化、故障、摩耗などで、最後は使えなくなります。

第2の大前提は、人間は完全には信用できないということです。人間は間違えます。高齢になれば、認知症でものを忘れるとか、運転中に意識を失うこともあ

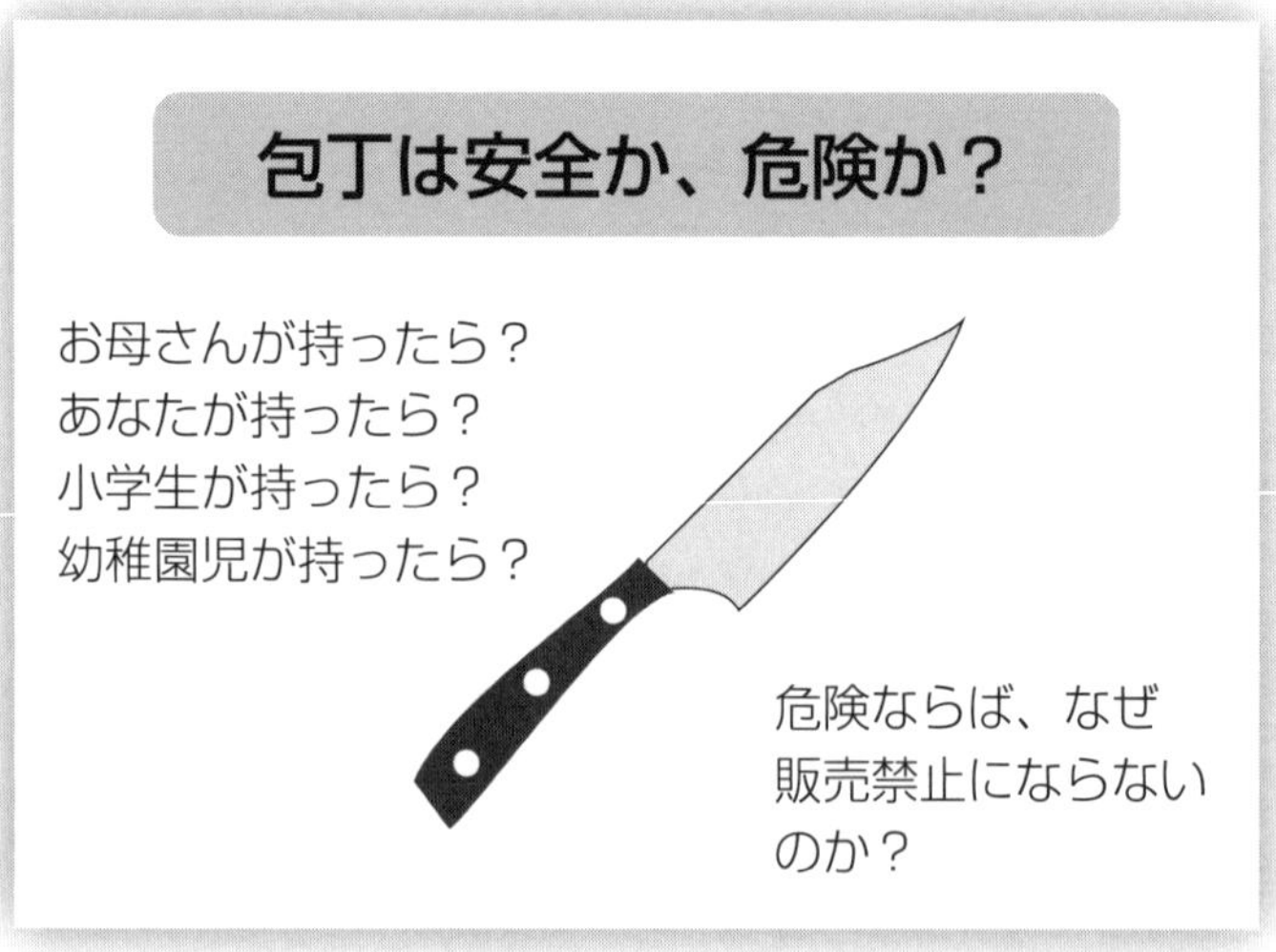

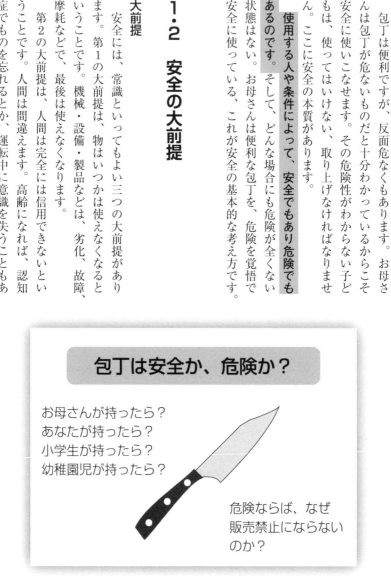

包丁は安全か、危険か？
お母さんが持ったら？
あなたが持ったら？
小学生が持ったら？
幼稚園児が持ったら？
危険ならば、なぜ販売禁止にならないのか？

るでしょう。ネット上では、悪意でウイルスを流す人もいます。このように人間には信用できない面がある。

第3の大前提は、法律、規則、ルールなどが完全ではあり得ないことです。法律、マニュアル、ルールに、考えられる限りの予想事態を漏れなく記述するのは不可能です。

機械や製品はいつかは壊れますが、壊れにくく、また壊れても大丈夫なように設計し、保守・点検の方法を前もって考え実施することが大切です。人間は間違えるので、間違いにくくする、仮に間違えても大丈夫なように備えなければならない。ルール・規則も同様で、細心の注意を払って作っても、全ての場面に適用できるわけはなく、また適用が間に合わないこともあります。これらを大前提として、安全は前もって準備する必要があります。

◉絶対安全は存在しない

重要なのは、「絶対安全は存在しない」ということです。専門用語を使えば、「リスクゼロはあり得ない」となります。機械の場合では技術的側面、人間については記憶などを含めて身体的・心理的側面、そし

安全の大前提

- 機械設備は劣化、摩耗等でいつかは壊れるものである
- 人間はいつかは間違えるものである
  （時には、認知症の人、意識を失う人、悪意の人もいる）
- 組織やルールやマニュアルに完全なものはあり得ない

てルール・組織についてはは仕組みなどの社会学的側面で、何をするにしても絶対安全はありません。ですから、総合的に協力して安全を創るしかないのです。

飛行機に乗らなければ墜落しないから、乗らない限り絶対に安全である。列車に乗らなければ、事故にあわないから絶対に安全だ。こう主張する人がいるかもしれません。しかし、それでは本末転倒です。現実的に人間の活動が止まり、生産性がなくなり、人生そのものの意味すらなくなるかもしれません。**利便性・楽しさ・利益、すなわちベネフィットを求めて何かを行うとき、必ず危険性はついて回ります。**ベネフィットと危険性は対で考える必要があるのです。ここで危険性がゼロであることが絶対安全の意味です。やりたいことをするとき、完全に大丈夫という方法はあり得ない。この前提のもとに安全を確保することが、安全学の大事な考え方です。

1・3　安全の定義

◉安全の国際的な定義

安全を学術的に定義してみましょう。国際規格には安全の定義があり、主として、ＩＳＯ（International Safety Organization）／ＩＥＣ（International Electrotechnical Commission）（国際標準化機構／国際電気標準会議）で定義されています。定義が記載されているのは、ISO/IEC Guide 51（Safety aspects—Guidelines for their inclusion in standards）（以下、ＩＳＯ／ＩＥＣガイド51）というガイドラインです。これは、安全に関連する規格を作るためには、このガイドラインに従いましょう、という指針です。そこには、安全を「許容不可能なリスクがないこと」と定義しています。これは厳密にいうとＩＳＯ／ＩＥＣガイド51を日本語に訳したＪＩＳの安全の定義です。もともとＩＳＯ／ＩＥＣガイド51の安全の定義は、原語（英語）

では、「freedom from risk which is not tolerable」と表現されています。直訳では、「許容することができないリスクからの解放」となります。この定義では、安全が「許容不可能なリスクがない」ことを意味していると同時に、「許容可能なリスクは残っている」ことも記述しています。つまりこの定義は、絶対安全がないとも宣言しているわけです。

◉許容可能なリスク（tolerable risk）の定義

許容可能とか許容不可能とはどういう意味か。許容とは、ある条件の下で認められることです。ＩＳＯ／ＩＥＣガイド51での「許容可能なリスク」の定義は、次ページの図に示すように、「その時代の社会の価値観に基づく所与の状況下で、受け入れられるリスク」となっています。社会の価値観が変化するため、時代によってもリスクは異なるし、価値観に基づくもろもろの条件が異なるため、国によっても受け入れられるリスクは異なるとなっています。お母さんか子どもかにより、包丁の安全の度合いが違うように、プロと素人で許容の度合いが異なる場合もあります。

　リスクの一方で、私たちには、利便性・ベネフィッ

安全の国際的な定義

- 「許容不可能な**リスク**がないこと」*1
  (freedom from risk which is not tolerable:
  許容することができない**リスク**からの解放)

＊1：ISO/IEC Guide 51:2014（JIS Z 8051:2015）

ト・やりたいことがあります。リスクはあるが、利便性などを求めると、このくらいは仕方がないから受け入れて使用しよう、というリスクのレベルが許容可能なリスクです。安全といっても、そこには必ず許容可能なリスクという残留リスクがあります。危険性が高い場合は、リスク低減策や安全対策を施すことでリスクを小さくし、そのリスクをより小さくする努力を続けますが、リスクゼロがあり得ない以上、どこかでいずれ止めなければなりません。そのとき、許容可能なリスクを超えたあるレベルで安全とみなし、「使ってもよい」となります。ただし、残留リスクは残っています。

許容可能なリスクは、使う人が残留リスクを納得して、安全を確保して使用するのが原則です。使う人が複数の場合は、基本的には安全であるリスクのレベルを決めるステップを公開し、全員が合意しなければなりません。しかし、使用するか否かの選択は各人にあります。リスク低減に対して、やるべきことをやったと納得した後で、使用する。ある程度のリスク・危険性を覚悟し、自分で安全を確保することが、国際的な安全の定義なのです。安全か安全でないかは、０か１

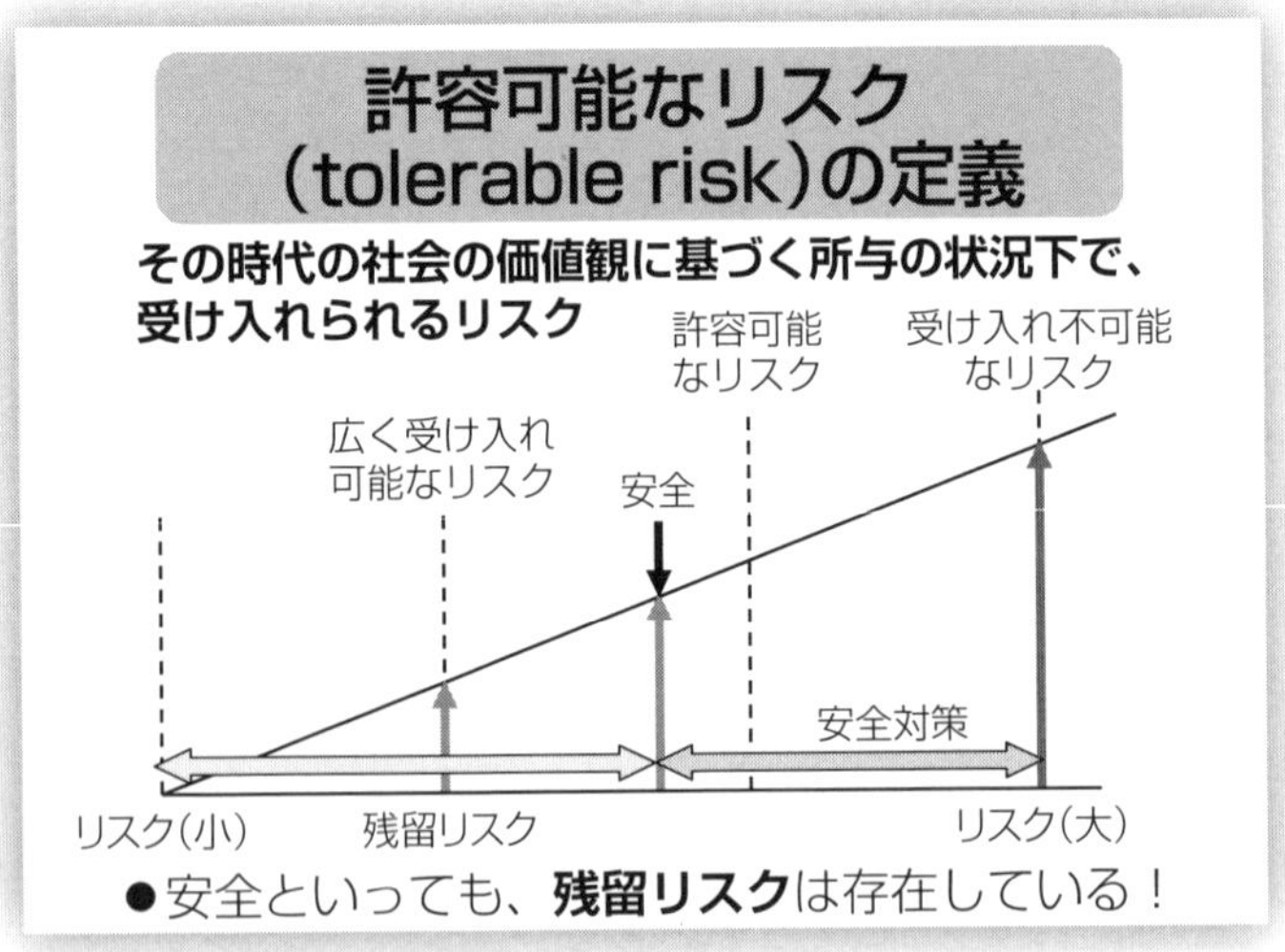

で明確にはできない、安全は0と1の間にあります。**必ずいくばくかのリスクが残り、その量により受け入れか否かを決め、受け入れを許容できるとき、安全とみなすのです。**

皆さんは、飛行機、自動車、列車に乗り、食べ物を食べ、電気製品も使いますが、そこに絶対に安全という保証はありません。しかし、その程度の危険性なら許容しようとする背景には、利便性などの使用したい理由があります。安全とは何かと考えるときには、国際規格の安全の定義である「許容不可能なリスクはないこと」を理解することが重要です。

1・4 リスクの定義

◉リスクとは

安全は、「許容不可能なリスクはないこと」と定義がされました。それでは、リスクとは何でしょうか。ここではリスクの定義を考えてみましょう。

リスクには、金融や証券でよく使われるハイリスク・ハイリターンのリスク、保険などのリスクというように、様々な概念があります。我々が使うリスクとは、人がけがをする、物が壊れるという意味のリスクで、「危害の発生確率とひどさの組合せ」とＩＳＯ／ＩＥＣガイド51では定義されています。

危害とは嫌なこと、ここでは主として身体的な傷害などをいいます。危害には、かなり頻繁に起きる、たまにしか起きない、はなはだしい場合には１００年に1回程度しか起きない、という確率の問題があります。また、危害にはかすり傷程度、病院に行かなければ治らない、一生残るけが、死に至る、という危害のひどさの問題があります。リスクは、まだ危害が起きていない状況で、起きる可能性がどのくらい高いか、起きたときのひどさはどの程度か、この二つを合わせてその概念が定義されています。確率と危害程度が大きいほどリスクは大きく、小さければ許容可能と認められます。発生確率は非常に小さいが、起きると危害程度が極めて大きなものもあれば、頻繁に起きはするが危害程度はそれほどでもないものまで様々です。

●安全におけるリスクの定義

ＩＳＯ／ＩＥＣガイド51には、リスクの厳密な定義もあり、「危害の発生する確率及び危害のひどさの組合せ」とされてます。組合せの意味について考えましょう。リスクは危害の発生確率とひどさのかけ算や足し算であるという定義もありますが、それはあくまで組合せの一つの例にすぎません。計算ができるという意味で足し算やかけ算は便利ですが、組合せという概念のほうがより大事です。非常にひどい被害が出る危険性のある場合、どんなに発生確率が低くても、とてつもなく大きいリスクと定義することは可能です。結果的に製造や使用を止めることにもなるでしょう。そうした意味合いまでリスクの定義は含んでいます。

　物の設計をする人などは、安全性を高めることが重要で、そのためにはリスクをなるべく小さくする必要があります。リスクの定義から、二つの方法があるこ

安全におけるリスクの定義

- **リスクとは**？
  「**危害**の発生する**確率**及び**危害**の**ひどさ**の組合せ」（ISO/IEC ガイド 51）
- **安全性確保の手法：リスク低減策**
  - ○**発生確率を下げる**……信頼性を確保することで安全を確保する：信頼性技術
  - ○**ひどさを小さくする**……構造で安全を守る：安全性技術

とがおわかりでしょう。一つ目は、物などを壊れにくく設計し、危害が発生する確率を下げるという技術。二つ目は、危害のひどさを小さくする、再起不能などの大きな危害にならず、小さな事故で済むような構造にする技術。リスクを下げるにはこれら二つのアプローチがあることを理解してください。

1.5 安全目標

◉危害（harm）の定義

リスクの定義に出てくる「危害」についても見ておきましょう。危害は、英語「harm」の日本語訳です。人への危害には、けが・傷害があり、ひどい場合には死亡してしまいます。ほかにも、精神的・身体的に健康な状態が損なわれる健康障害も含まれます。

物への危害は、物理的に使えなくなる、壊れるなどです。本書では、主に人への傷害や健康障害、物や環境への害を考えますが、現実では、インフラが止まるなど社会的な安定を揺るがすもの、物の不稼働により社会的混乱を引き起こすといった危害もあります。最近では環境への害や、情報への危害であるセキュリティ問題などもあります。

危害は多様な内容を含み、皆さんが取り扱う安全の分野によって異なりますので、ご自身の分野では何を危害の対象としているかを明確にしてください。対象が明確にならないとリスクは定義できず、安全もまた定義できないことになります。

◉安全目標は条件によって変わる

どこまでリスクを下げれば安全かは、人・時代・条件で異なります。終戦直後は許されていた危険性が今は許されない、などは時代による違いです。ある国では安全と認められ使っていたものが、他の国では使えないなどは、社会の価値観による違いです。

安全は万国世界共通のレベルにするべきかもしれませんが、時代や社会、国で安全の価値観が異なるため、それはできません。

安全のレベルは分野でも違います。電気製品と食品の分野で、安全をどこまで追求するかは異なります。医療は、リスクもベネフィットも非常に大きな分野です。列車のように、止まれば安全な分野と、飛行中のように止まると落ちるしかない分野の安全は、ずいぶん違うのです。また、被害を受ける側なのか管理する側なのか、専門家か素人かという立場による違いもあります。できるだけ価値観を一致させる必要はありますが、現実にはこのように状況によって異なります。

どこまでやれば安全かという問題は、安全の分野で最も難しい課題で、例えば自動車の自動運転などはとても興味深い話題です。自動運転が一般的になれば、今よりも安全の度合いが高まり、事故が減ることは確実でしょう。しかし、今度は別の原因で事故が起きる可能性が出てきます。技術が進歩すると、どこまでや

安全目標は条件によって変わる
—どこまでやったら安全といえるか?—

- **時代**によって変わる、**社会の価値観**によって変わる
- **分野**によって変わる（製品、食品、医療、……）
- **システム**によって変わる（止められるか、止まれば安全か、能動的安全、受動的安全）
- **立場**によって変わる
  - ○利益を受ける側と被害を受ける側
  - ○専門家と素人（非専門家）
  - ○個人で受けるリスクと集団で受けるリスク
  - ○自ら行うか、人に強制されるか（主体的に選択できるか、与えられてしまうか）
- できるだけ**共通の考え方**を探そう！
- 最近の自動車の**自動運転**の例を考えてみよう！

れば安全かという安全の目標は、さらに高くなる可能性があります。

◉安全の判定基準

どこまでやれば安全かという難題を解く要因には、メリットやベネフィット、技術の可能性などがあります。さらに、リスクを小さくするためにかける予算という要因もあります。リスクを小さくした場合、別の危ないものが出てくるといったコンフリクトが生じることもあるでしょう。安全目標は、こうした要因となっている価値の順番を考慮したせめぎ合いで決まりますが、そこには様々な基準があります。

「コストベネフィット基準」は、利益、楽しさというベネフィットに対し、十分に安全であるためにかける予算で決めるという基準です。コストとベネフィットの釣り合いで、安全目標を決めるやり方です。

「危険効用基準」は、リスクの大きさとベネフィットの大きさを比較して、安全を判定します。

「消費者期待基準」は、一般の人が日常で使っているレベル、皆が認め、期待している基準はこのくらいとみなすものです。当然ある程度のリスクは覚悟して

安全の判定基準

- 基本的には、「**リスク、コスト、便益(ベネフィット)、技術の現状、他のリスクとのコンフリクト等と価値観とのせめぎ合い**」で決まる
- コストベネフィット基準
- 危険効用基準
- 消費者期待基準
- 標準逸脱基準

⋮

使います。リスクをさらに下げなければならないレベルや、ここまで下げないと社会には出してはいけないという基準は、時代とともに変わることもあります。

「標準逸脱基準」は、法律で決まっている標準や基準を逸脱してはいけないというものです。

◉安全目標とは

安全目標も様々です。今はできないものの、将来に向けて目指すべき努力目標。皆がすでに十分に満たしている安全目標。ある一定の基準を満たしていない限り、販売しても売ってもいけないという、国が法律で決めている最低基準という安全目標。

誰にとっての安全か、何のための安全かに関する目標は難しいのですが、考えていかなければなりません。安全目標では例えば、技術の問題として、現時点での技術がどこまで進んでいるかも大切です。昔はできなかったが今ならば技術的にリスクを小さくできる。にもかかわらず、その努力をせずに発売するとしたら問題ではないでしょうか。

では、どうやって目標を決めるか。安全を考えるうえで重要なポイントであり、本書では、この問題を考えていきます。

1・6　安全の基本的構造

◉安全の基本的構造

安全の基本的構造について考えてみます。

まず、何から安全を守ろうとしているのか。安全を脅かす危ないものを危険源といいますが、その危険源は何かから考えます。製品や機械の危険源は、物の故障や人間が間違えることです。

次に、何を守ろうとしているのかも大事です。一般的に安全の意味は、人の命を守ることといわれます。人間の健康・精神を重視する場合や、情報を守る場合もあります。安全ではこのように、何を守るのか、対象を明確にする必要があります。

何を用いてどう守るのか、という問題もあります。大きくは、技術、人の注意、組織やシステムによって守ります。また、誰が責任を持つのかも問題です。みんなで協働しないといけないこともあり、そのときは、ある部分で国が、別の部分はメーカが、他の部分は使用者がそれぞれ責任を持ち、安全性を確保するという構造になります。

何のために安全を守るのかも大事です。労働安全は作業者の安全を守る。製品安全は使用者の安全を守り、製品が燃えて火事にならないようにする。

ただ、一番大事になるのは、何の名のもとに守るのかです。一般的には人命尊重ですが、異なる名の下で、例えば社会の安定や自然保護など、別の立場もあり得ます。

こうして、安全の基本的構造の様々な視点から見ないと、バランスのある安全の対策をとることはできません。

1・7　安全における役割と責任

◉安全確保にかかわる三つの立場

安全に対しては総合的に取り組むというのが、安全学の考え方です。先に述べた安全の構造という観点からすると、安全を確保するには三つの立場があるといえます。

一つ目は、技術で安全を守る、技術的側面。メインの担当者は安全設計者になるでしょうか。安全な施設・設備、製品を作るのに、安全技術で実現するという立場。

二つ目は人間で守る、人間的側面。人間が守ると言ったほうがよいでしょうか。機械を扱うなら、使う人が注意して使用しなければなりません。人に対しては、けがをさせたり、自分がけがをしないようにしなければならない。しかし、現実にはけがは起こります。教育し勉強し、体験を後輩に引き継ぐ。ヒューマンインターフェース、すなわち機械と人間とが存在するとき、人間側は機械の何に影響を受けるかなどを知り、人間の立場から安全を守ります。

三つ目は組織・ルール・制度・法律などを作って、安全を守る、組織的側面。安全管理という言い方でもよいでしょう。

三つの立場があるということは、それぞれの役割と責任があることを意味します。

◉安全確保の役割分担

機械・設備側の技術的側面では、安全に、壊れにくく、万一事故が起こったとしても規模が小さくなるように、機械・設備側を安全化します。残留リスクや危険性の情報は、利用者などに適切に知らせます。

利用者、作業者の人間的側面は、リスクや危険源がどこにあるかを自覚し、自分を守ります。どこがどう危ないか。包丁なら見ればわかりますが、電子レンジでは少し難しくなり、複雑な機械だとさらにわかりにくい。そのときは、残留リスク情報が必要です。利用者は、残留リスク情報に従い、自分の身は自分で守り、ときには人の命を守る役割があります。

管理・法律や規制、規則やルール、マネジメントシステムなどの組織的側面は、全体がうまく回っているかを監視・チェックし、よいものは褒め、悪いものには罰則を与え、修正する役割です。

これら三つには、それぞれの役割と責任がある。それを統一し、協力して実行し、安全を実現することが、安全における役割と責任の意味するところです。

　このように、安全には技術としての自然科学、人間としての人文科学、制度・組織としての社会科学で総合的に取り組まなければなりません。自分の役割として、技術だけやる、管理だけやるという人がいるかもしれませんが、それは一分野にすぎない。様々な視点から協働しなければならないのです。**安全を確保するためには総合的な視点を持ち、自分の分野だけではないと認識する。**安全のそれぞれの役割は、これまで縦割りで奥深い分野を構成してきましたが、横の分野のつながりも重要ということです。

1・8　安全と価値観

◉安全は科学的で客観的か？

　安全は科学的で客観的でしょうか。

　安全はリスクを経由して定義されると説明しました。リスクを構成する危害の発生確率やひどさの状態はある程度科学的に表現することが可能で、安全には科学的側面が強くあることも事実です。しかし、どこ

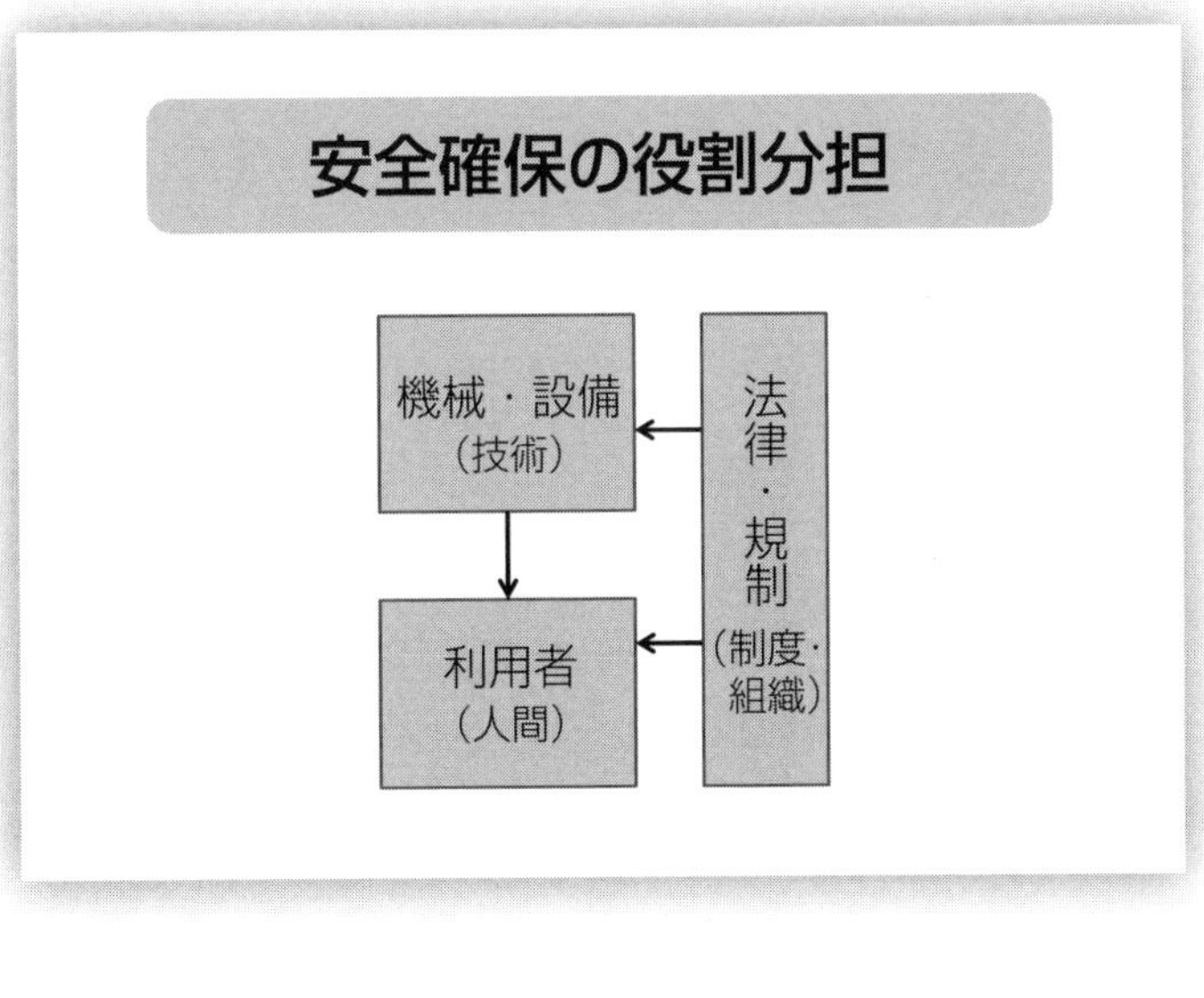

までリスクを低減すれば安全と認められるかについては、社会や時代により異なり、我々の価値観が関与します。安全から主観や価値観を排除することはできません。したがって、安全の全てを科学的に定義することはできない。これは非常に重要です。

本来、科学と価値観とは、明確に分けて考えることが望ましいのですが、安全ではそれが両方にまたがっている。それでも、「どこまでリスクを低減すれば安全か」の議論と結論の内容は、適切に表示しないといけません。残されたリスクを開示し、皆で相談してたどり着いた結論に至るまでのプロセスは公開する。なるべく誰が見ても理解し納得するやり方をすれば、客観性は重視されたことになります。こうした姿勢が実は大事で、貫かなければいけないと私は思います。

◉安全の基本は情報公開である

安全を議論するには、情報公開と透明性が大事です。残留リスクや危険源を知らなければ注意しようがありません。安全を作る人は、安全対策を行ったとしても、残留リスクを情報開示し、使用する人に知らせなければなりません。隠してしまうと、使う人はわかりませ

安全は科学的で客観的か？

- リスクの評価に関しては、科学的に究明できる点も多いが、どこまでリスクを低減したら安全とするか、という点においては、安全から主観を排除できない
- しかし、残されたリスクを開示して、許容可能性を合意するという点からは、安全には客観性を重視する姿勢が貫かれている
- 科学と価値観とは明確に分けることが望ましい

ん。よい情報、悪い情報、両方とも事前に開示して知ってはじめて、利用者は、それを受け入れるか受け入れないかを合理的・客観的に判断することができます。不利な情報は隠す、これを言うと社会がパニックに陥るかもしれないからやめる、などの判断は間違っています。情報をきちんと開示し、皆が自分で冷静に判断できる環境を作ることが大切なのです。

◉安全と価値観

繰り返しになりますが、安全を考える場合、科学の面と、それをどう認めるかという価値観（安心）の面の二つがあることを、ぜひ理解してください。科学的にリスクが小さいから問題ないといくら言っても、納得しない、いやだ、きらいだ、ということもあります。これは安心の面が影響しているのです。科学的には小さいリスクであっても、国民全体が不安だ、きらいだといっている以上、使用しない、禁止にするという対応はあり得ます。これは安全と価値観という、非常に重要なせめぎ合いであり、大切な観点となります。

安全の基本は情報公開である

- 残されているリスクが最悪である場合を考えて、どのようなものかを事前に情報開示しておく
- 透明性が大事
- よい情報も悪い情報も公開する（隠さない）
- 安全を合理的に、客観的に判断するために情報公開が必須である
- 「民衆がパニックに陥るだろう」「理解できないだろう」といった理由で、残留しているリスク情報を開示しないのは、正しくない

1・9 安全と安心

◉安全と安心とは異なる

安全は、できるだけ客観的・科学的に実現し、理解できることを目指しています。安全に関しては、国際会議もあり、皆で議論し、安全のレベルを上げ、安全技術を高めていくことが可能です。一方、安心は人や価値観によって異なります。経験や、国や文化によっても異なることがあります。一般の人は安心を求めており、メーカや国は安全を実現している、という違いを明確に意識することが重要です。安全と安心は分けて考えるべきです。

しかし安全も、その全てを科学的・客観的に明確化できるかというと、どこまで対策すれば安全かについては主観を免れません。逆に安心についても、あの人が安心している理由はわかるという言い方もあるように、安心に共通の感覚・行動が人間にはあるかもしれません。人間のみならず生物共通の安心の行動さえある可能性があります。そういう意味では、安心も科学的に究明できる部分はあるのです。

安全と安心とは異なる

- 安全は主として、客観的、合理的、科学的に実現することを目指している
- 一方で、安心は主として、主観的なものであり、判断する主体の価値観に依存する
- 安全は、どのようにしたら安心につながるのか

※どこまでリスクを低減したら安全とするか、という点においては、安全から主観を排除できない面も有しているが、残されたリスクを開示して、許容可能性を合意するという面からは、安全には客観性を重視する姿勢が貫かれている

◉安全・安心の方程式

安全と安心は違うと言いましたが、両者をどうつなげるか。私が提案するのは安全と安心の方程式です。

国や企業は安全なものをきちんと作る、これは責任です。しかし、安全ですと言っても、一般の人は作った人や組織を信用しなければ、安心はしません。なぜなら、一般の顧客は安全の構造がよくわからないため、安心を求めているのです。あの企業が作ったものなら使う、あるいは、長い間作られているものだから安心して使う。これが一般の顧客の感覚です。安全なものを作ったうえで安心して使ってもらうためには、作った企業・組織・人がいかに顧客に信頼されるかが問題です。

安全と安心をつなぐもの、それは信頼です。安全と信頼の掛け算が安心につながります。図の方程式は0と1の中間値をとることとしています。安全が1、つまり完璧でも、信頼が0ならば安心にはつながりません。安心が1より小さいのは、安心が1になると安心しきってかえって危険が生じるためです。少し危険性があることを自覚しておく必要があります。

安心につなげるためには、安全なものを作り、作業

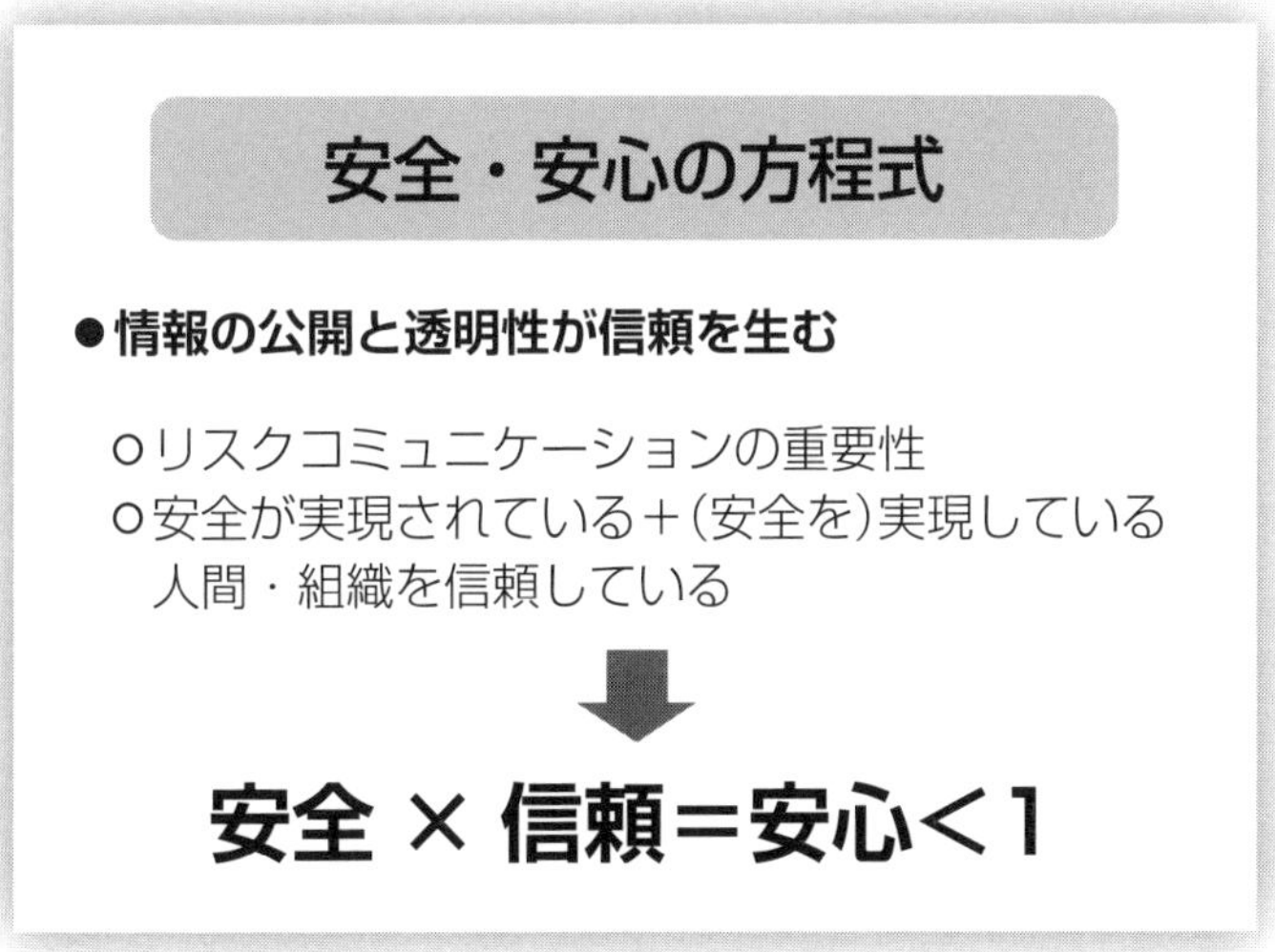
安全・安心の方程式
●情報の公開と透明性が信頼を生む
○リスクコミュニケーションの重要性
○安全が実現されている＋(安全を)実現している人間・組織を信頼している
安全 × 信頼＝安心<1

者・利用者・顧客とリスクコミュニケーションを図って、信頼を得ること。国や企業は、安全を安心につなげる信頼のために、よい情報も悪い情報も隠さず開示して一般の人に知ってもらうこと。信頼を生むのは情報の公開性と透明性です。

1・10 リスクコミュニケーション

◉顧客は安心を求めている

企業は信頼を得られなければ、たとえ安全なものを作っても顧客に安心して使ってもらえません。信頼を得るためにも、顧客の質問には誠実に答えることです。事故やヒヤリハット情報[1]を顧客から提供してもらい、十分な受け答えをし、少しでもよりよくするため、顧客と一緒に作っていく姿勢が大事です。顧客と企業が対話を進めながら、安全性を高めるように付き合う努力をし、信頼を強化すること、これがリスクコミュニケーションです。

◉安全と安心をつなげるために

情報提供がリスクコミュニケーションなのではありません。また、説得のために行うことがその本質でもありません。対話をし、理解しあいながらも、嫌なものは嫌だと言うことができ、使わなくてもいいと認め合いながら、安全の度合いを上げていくことがリスクコミュニケーションです。価値観は顧客側にありますので、使わない自由もあります。製品を安心して使うために、情報をメーカから貰いたい、自分からも尋ねて答えを貰いたいということがリスクコミュニケーションです。リスクコミュニケーションの成立には、顧客も安全やリスクとは何かをある程度客観的かつ冷静に判断すること、そして科学的なリテラシーを持つことが必要です。

リスクコミュニケーションにより、お互いに納得し、合意できれば問題ありませんが、合意できないこともあり得ます。その場合、リスクコミュニケーションは、対話し、お互いが何を考えているかを理解するためのツールです。社会の中で安全が正しく評価され、安全を実現している企業が正しく理解され、持続的に社会の中に生きながらえることが、社会が幸せになるカギでもあり、顧客もそれに対して責任を負っています。

1・11　安全は時とともに劣化する

◉見直さないと安全は常に風化する

人間は忘れる生き物です。これは科学的にも証明されています。震災や水害、津波なども、何十年かたつと忘れてしまいます。痛い目にあってもすぐ忘れてしまう。たとえ危険だったことでも、忘れずに覚え続け

1　ヒヤリハット情報とは、事故には至らなかったが、ヒヤッとしたり、ハッとして危なかった情報のこと。運が悪かったら事故になったかもしれないような情報。

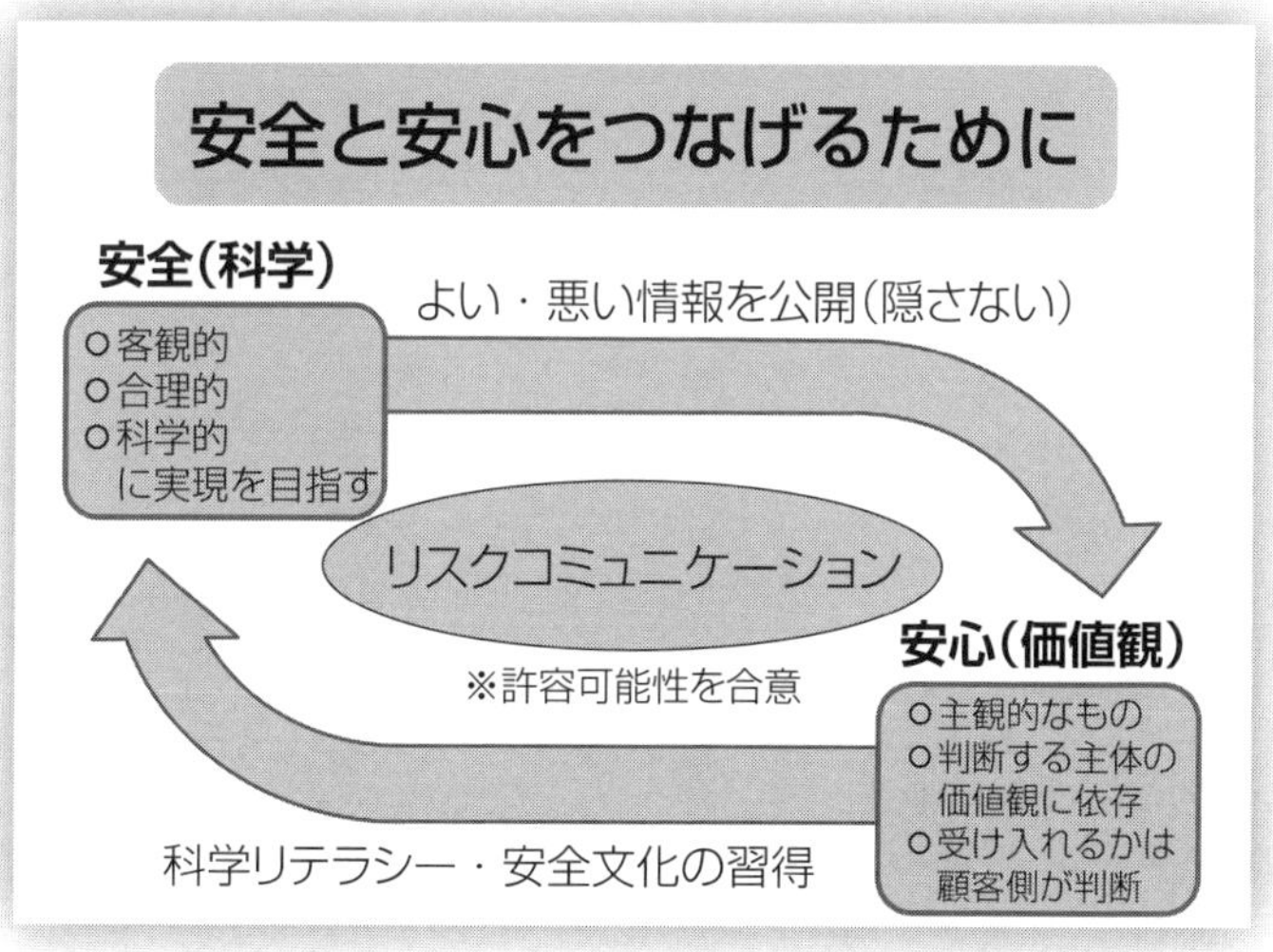

安全と安心をつなげるために
安全（科学）
○客観的
○合理的
○科学的
に実現を目指す
よい・悪い情報を公開（隠さない）
リスクコミュニケーション
※許容可能性を合意
安心（価値観）
○主観的なもの
○判断する主体の
価値観に依存
○受け入れるかは
顧客側が判断
科学リテラシー・安全文化の習得

ていることはなかなかできません。

物は時間とともに劣化するので、いつか使えなくなります。技術もまた、時代の進歩とともに相対的に陳腐化します。新しい技術が出てくれば、昔の技術のままでは陳腐になる、これは避けがたい事実です。

安全のための様々なマネジメントシステムや体制を組んで導入しても、多くの組織はすぐにマンネリ化してだれたり、改善の意欲もなかなか起こりにくくなります。あってあたり前となり、よさや大事なところを振り返らなくなる。いわゆる形骸化です。組織はマンネリ化し、技術は陳腐化し、物は劣化する。同様に、施設・設備も時代とともに劣化します。社会が進歩すれば、当時は最新であった施設・設備も、時代に合わなくなり要望に沿わなくなります。安全もまた、見直さないと常に風化する、劣化するという特徴があります。痛みや失敗を忘れてしまうのと同様に、安全でも、痛い目にあって改善されても、時間がたつと徐々に劣化してしまう。

◉現状維持は安全の劣化を意味する

安全に関して、現状維持は劣化を意味すると考えたほうがよいでしょう。時代が変わると、違った価値観でものを見るようになります。安全面でも最新であったものが、最適ではなくなってしまう。

技術は科学ですから日々進歩します。安全の技術も同様です。ときには、イノベーションによって急激によくなります。古いままの安全技術をずっと大切にしていくことも大事ですが、一方で、技術は進歩していくことを意識していなければなりません。現状維持をしていても、社会全体から見ると劣化しているかもしれません。

もう一つは、安心しきっていると、危険性を感知する感覚が鈍って、かえって危険になることがあります。Plan・Do・Check・Act のＰＤＣＡサイクルを常に見直し、改善し、スパイラルアップしてよくしていく努力を怠らないことが、安全を維持するための大事な考え方です。

企業では、常に見直す文化を根付かせることが重要です。そのためには、企業のトップも含めた全員が、常に見直す気持ちを持ち続けなければなりません。企業のトップが関与したうえで、皆で一緒になって安全のＰＤＣＡを回し、改善していくこと。企業の安全文化を醸成し定着させ、常に安全に関しては社会のトップレベルでいく発想を忘れてはなりません。

1.12 安全学の発想

◉安全学への動機づけ

私がなぜ学問としての「安全学」に興味を持ったかをお話ししたいと思います。

私はこれまで多岐にわたる分野の安全、例えば製品安全、機械安全、労働安全、消費者安全、鉄道の安全などの分野を経験してきました。その活動の中、ある分野では安全についての素晴らしい考え方、技術、仕組み、理念・理想などがあっても、分野外へ出ることがほとんどなく、その分野だけで深掘りしていることが多いのに気がつきました。皆が同じように安全に向

現状維持は安全の劣化を意味する

- 時代の価値観は変わる
- 安全の技術は進歩する
- 現状維持は、安全の劣化を意味する
- 安心していると危険である
- 常に見直し、PDCA を回して改善していかなければならない
- トップを含めて、構成員全員が安全を改善する意識を持つ ⇒ 安全文化の醸成と定着

けて努力しているのだから、せっかくなら他の分野に学んだらどうか、きっと面白くてよい内容があるはずだ、と申し上げたこともしばしばでした。しかし、他の分野からはなかなか学べないようでした。なぜなら、あまりにも技術が深すぎてわからない、用語が違う、概念や考え方が違うといった理由が挙げられます。なかには、同じことをやっているにもかかわらず、用語だけが違うといったことすらありました。どの分野にもそれぞれに歴史があります。ひどい事故に遭いながら安全を築き上げてきたため、それぞれの文化・歴史・伝統があります。これは当然です。しかし私は、安全に関する用語・概念・体系・作り方には、共通部分があるはずだと常々思っていました。他の分野から学ぶために、安全の共通部分を体系化すれば、皆で話し合えるようになるのではないか、と考えたのです。他の分野の内容を、共通部分を通して理解すれば、自分の分野でも学ぶことができる。この共通部分をみんなが理解し合えれば、共通に安全を学ぶことができる、皆の常識にもなる。これが安全学という学問を確立しようと思ったきっかけです。

◉安全学（safenology）とは

安全学という名称は以前からあり、村上陽一郎先生の『安全学』5) から知られるようになりました。私は現在、学問の新しい領域として、安全学の確立を目指しています。その英語名としてセーフノロジー（safenology）という名称をオリジナルで作りました。

例えば、安全とは何なのか、安全はどういう構造なのか、どのような役割と分担があるのかなどについては、全分野を通じてほとんど同じですので、これらは統一できると思います。したがって、安全学という学問体系があってしかるべきであると思います。安全学は、技術的な側面も大事ですが、安全に関する人間的な側面、組織的、社会科学的な側面も大事です。加えて、安全の哲学、安全の思想もあります。安全学は、安全にかかわる総合的な学問なのです。

安全の理念のもとに三つの側面、すなわち技術的側面・人間的側面・組織的側面を統合し、安全の構造を安全学と称して体系化したい。そして、どこででも学べるカリキュラム、例えば大学や中学高校でも大事な部分は学べるようにしたいと思い安全学を作りました。

◉安全曼荼羅（安全マップ）

安全学の構造は次ページの図のように極めて単純です。一番下にある「各分野の安全」には、製品や機械、自動車、原子力、食品の安全といった非常に多くの安全の分野があります。それぞれに深い経験と蓄積があり、体系化されてはいますが、他の分野との整合性がなく、他の分野の人が学べる構造になっていない状況です。二層目には、「技術で守る」という共通の概念があり、人間的側面も全分野でほとんど同じです。組織的側面として規則やマネジメントシステムを考えると、かなりの共通部分があるはずです。共通に使える部分は第二層に置きます。一番下の第三層にある各分野の共通部分をもう少し抽象化・一般化して、他分野でも使えるように形式化し、第二層に持ってきます。そして、第一層の「理念的側面」である安全哲学を中心に体系化すると、美しい安全の共通部分の学問ができあがると思います。

安全学(safenology)とは

●安全とは、総合的な学問である

安全に関する**技術的側面（自然科学）**、**人間的側面（人文科学）**、**組織的側面（社会科学）**を、安全哲学などの**理念的側面の下で**、合法的、合理的、合情*的（＝人の理解と納得を得ること）に統一・総合化した学問体系のこと。新たに、「**安全曼陀羅**」という、**安全問題の構造を映す、共通のフレームワーク**を定義している。

＊筆者による造語

第一層・第二層が共通、その下の第三層が個別分野で、各分野の安全を深く追求する。こうすると、各分野が第一層と第二層を通じてお互いに対話可能になります。逆に言うと第一層・第二層を理解したうえで、自分の分野を深めることができます。これにより、安全の分野を統一化でき、お互いに学んで、世界中で安全について話合いができるようになる。この構造を私は「安全曼荼羅」と少し変わった名前で呼んでいます。最も基本的な共通哲学・共通理念のレベルから個別分野の実際の業務プロセスに至るまで、安全を実現するために必要な要素はすべて、このフレームワークに当てはめて記述できることから、「安全曼荼羅」としました。今後、皆でその中を膨らましていこうという提案です。各分野の安全はそれぞれに独特なものがありますが、共通部分を抽出することで、第一層と第二層を豊富な学問体系にすることができ、カリキュラムもできるのです。本書では、主として「理念的側面」の一部について話をしています。

◉安全学はポジティブな学問である

安全学をやってきた理由はもう一つあります。安全

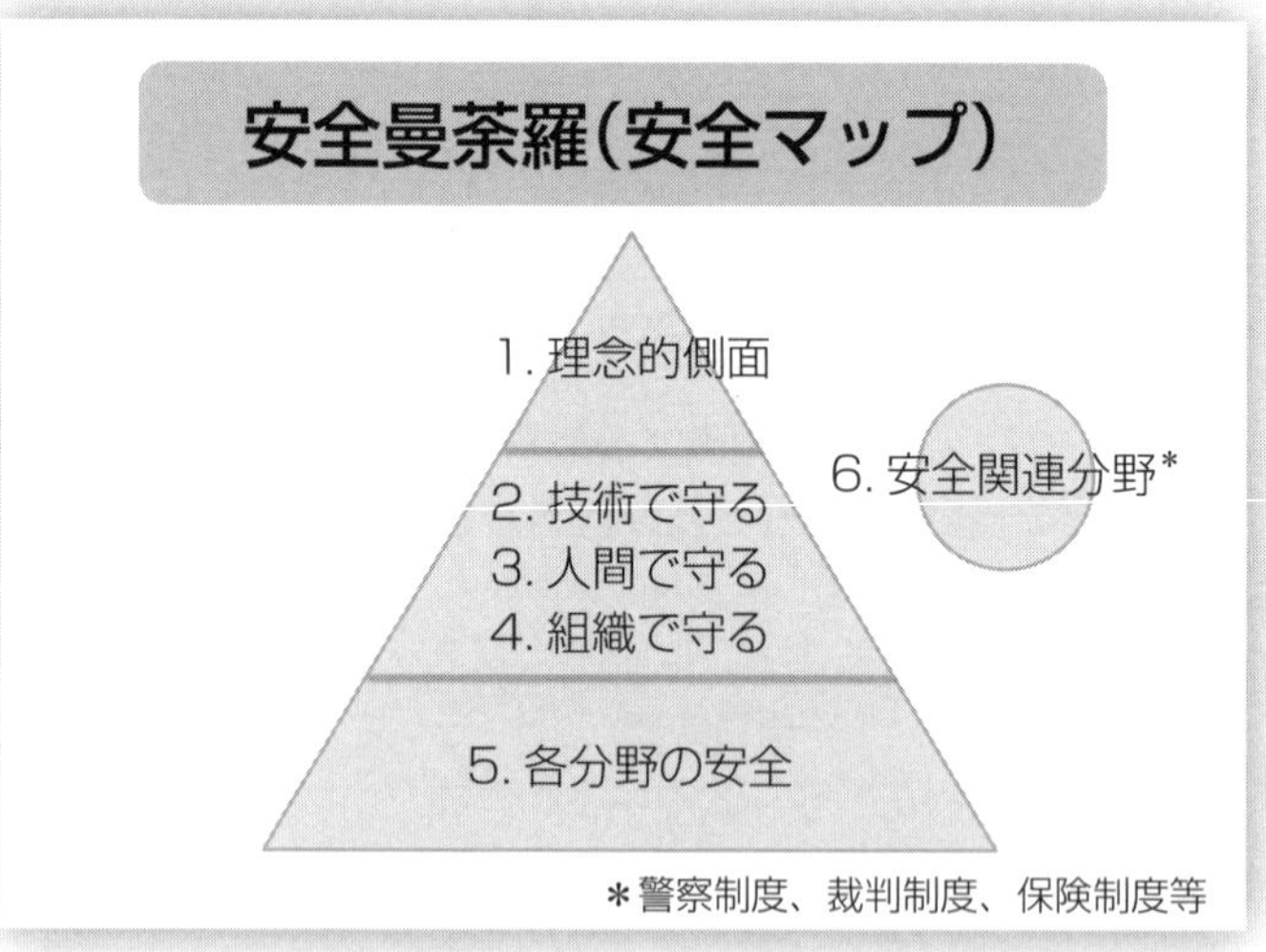

が前向きな、ポジティブで楽しくやりがいのある学問だからです。失敗や危険は後ろ向きという印象があり、危ないからやめろとなりがちです。なぜ危険か、なぜ失敗かを学んだうえで、安全学は、よりよく生きようとする前向きな発想です。リスクがある、危険性がある、という従来の発想に対して、安全学では、それとともにベネフィットがある、やりたいことがあるから進歩がある。新しい技術が生まれる。その技術にはまた新しいリスクが出てくるので、それを理解し自覚しながら前へ進もう。人間にとって明るく楽しい生活をしよう、という発想が含まれています。

安全こそ価値だという考え方が大事です。リスク・危険性と、ベネフィット・楽しいもの・よいものとのせめぎ合いで常に考え、注意しながら楽しい生活をしていこう。安全は、ネガティブに考えて止めたり蓋をすべきものではなく、それらを自覚し覚悟して、リスクを小さくしつつ、前向きに役に立つことを求め、社会の中で有意義な尊敬される地位を求めていくものです。

安全にかけるお金は、コストではなく未来に対する投資です。企業は、安全にお金をかけることで前向きに明るく進んでいけます。それをコストと考えるから、今まで安全だったという理由で、安全にかける予算は必要ないと考えてしまい、削ったり切りたくなってしまう。本当は、安全を維持していることが大事なのです。前もってきちんと投資をして、安全のために常にフィードバックする構造にすることです。そのためには、トップだけではなく、中間管理職、現場の人間、企業における社員全員が同じ方向を向き、同じ考え方で努力していく必要があります。全員が、安全は価値であるという考え方を持って進んでいければ、と思います。

1・13 安全における人の行動と定量的評価

◉これからの安全は機械と人との協調安全

ここで少し視点を変え、人を生産システムの構成要因と捉えて安全を考える視点で考えてみましょう。

多くの産業現場では機械と人とが協調しながら働く時代です。今までは、人が機械の状況を判断して作業を進めるスタイルが主流でしたが、これからは機械が人や周りの環境を把握して、人に寄り添う作業スタイルが続々と登場する時代となりつつあります。とはいえ、機械が人の代わりに全ての作業を請け負う、つまり作業現場が全くの無人となって、状況判断や予測をも機械が行うのは、まだ先だと思います。そうすると、人の行動をより理解することが安全につながる。

今まで人の行動の理解には、アンケート調査がほとんどでしたが、それではどうしても主観が入ってしまう。客観的に科学的に人の行動を理解する専門的な研究領域が必要です。ここでは、その一つとして行動分析学を紹介します。

◉人の「行動」の予測と定量的評価の重要性――行動分析学への招待

行動分析学は心理学の中の一学派ですが、現在、広く認知されている「人の心」を扱う心理学とは異なり、「行動」を対象とします。行動分析学のゴールは、行動の①予測、②分析と定量評価、③問題の解決です。行動の原因を個体内部ではなく、個体を取り巻く過去及びそのときの外的環境に求め、「行動の法則」を明らかにする自然科学です。

通常、「行動をする理由」を語るとき、行動前の事象に焦点を置きがちですが、行動分析学では、行動の後に生じた環境の変化により、その行動が将来的に変化すると考えます。例えば、「機械を掃除する」行動を考えてみましょう。上司から「掃除をしろ」というような行動以前の作業現場での先行刺激は合図にすぎず、行動を直接増減する要素ではありません。機械を掃除する行動は、「上司の命令」とか「好きだから」などという、事象の前の原因に起因を求めるものではありません。作業現場で、機械を掃除した結果、上司や同僚に「ありがとう」や「(掃除などしないで、本来の)仕事をしろ」といわれるとします。あくまで事象後、つまり結果により、掃除をすることが維持・増強したり、減弱・消滅したりするという考え方が行動分析学です。

◉罰より報酬を!——行動分析学の原理

行動分析学の原理の一つに「結果で行動が変容する」があります。前述の機械の掃除行動の例で、上司または同僚などに「ありがとう」という「よい結果」が生じた場合は、その後の行動が将来的に維持または増加し、「仕事しろ」という叱責、すなわち「悪い結果」が生じた場合には、その作業員が将来機械を掃除する行動は減少または消滅します。同様に、よい環境が行動により消失(機械操作中にかかってきた電話に

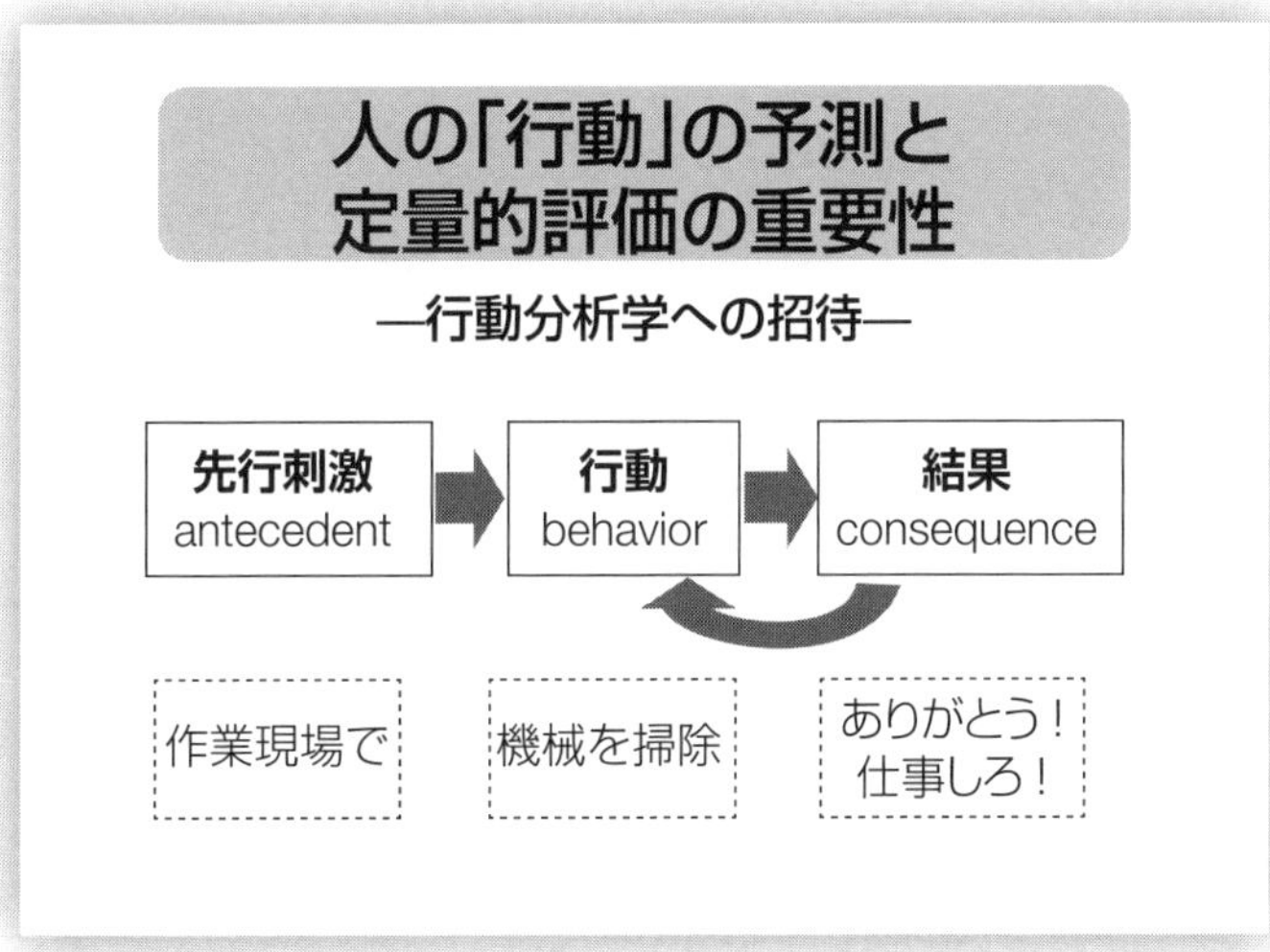

応答したらけが）したときにはその行動は減弱・消滅し、悪い環境が消失した（頭痛で薬を飲んだ）ときには増加します。行動が増加する要素は「報酬」、減る要素は「罰」といわれますが、行動分析学で使用される報酬と罰はあくまで行動を増減するものです。ここで重要なのは、行動の変化に最も影響を与えるのが報酬だということです。罰は、その場のみの影響であることが多いとされます。安全はポジティブな学問だと前述しましたが、行動分析学も報酬で行動を変えるポジティブな学問であり、安全学の考え方と非常に親和性が高いと思います。

●産業安全行動分析学

行動分析学の中でも、産業安全分野に特化した領域として Behavior-Based Safety（ＢＢＳ）、日本語で「産業安全行動分析学」があります。産業安全行動分析学の専門家たちは、罰よりも報酬に視点を置いた活動を行っています。

例えば、作業者が個人用保護具（Personal Protective Equipment：PPE）を装着する例です。作業者は現場に到着し、ＰＰＥを取り出し、正しく身に着

罰より報酬を！

―行動分析学の原理―

強化（報酬的）：行動が増える
弱化（罰的）　：行動が減る

増加	減少
金品	罰
言語的賞賛	叱責
うなずき	嫌悪的刺激
アイコンタクト	無視
グラフ・フィードバック	グラフ・フィードバック

けていきます。これは、作業者が努力をして行動した結果です。この行動には何らかの報酬が付随して当然と思われます。ところが、現場ではPPEを身に着けているのは当然であり、PPEを忘れたときにのみ罰的な結果が提示されることが多いのです。作業者がPPEを正しく装着した場合には、何らかの報酬が必要なのではないか。そのような、安全文化への発想転換が必要なのです。

安全行動に対しても同様です。現状では、失敗行動や不安全行動の原因を、作業者の心に起因し、事故は「注意力がない」「だらしない」ことが原因で発生したという考え方が主流です。これには二つの問題があります。一つ目は、事故の原因を作業者に帰している点。本来、作業者の不安全行動とは、作業者の責任ではなく、不安全行動を許容している環境に起因するものです。不安全行動を維持・増強しているのは環境であり、それを提供する現場側、事業側に責任があることを、作業者側と雇い主側双方で認識する必要があります。

二つ目は、事故の原因が心にあるとする考え方。現在広く行われている安全行動励行のためのキャンペーン、「気をつけましょう」などの言語による注意喚起、あるいは「気合を入れる」などの精神論の類も、その効果を定量的に評価していない以上、行動変容に関与しません。安全な行動は努力によって形成される行動ですので、その行動に対し何らかの報酬を提示する場が必要です。まずは作業者が自己管理を定量的に行い、管理者は作業者の自己管理結果を収集して定量的に分析する必要があります。そして、経営側は作業者の安全行動にこそ報酬という結果を提示する安全文化の構築が必要です。

基礎安全学のまとめ

●―安全の基本

基礎安全学の基本的な考え方は、「世の中に絶対安全はない」です。人間に任せれば間違えることがあり、機械に任せれば故障や劣化で使えなくなることがある。どんなに強い規則・法律・ルールを作っても、全て網羅できるわけもなく、また守らない人も出てきます。あたり前の話です。

もう一つ、安全は総合的な学問であり、統一的・俯瞰的に、ホリスティック[2]に見ようということです。そのために安全学という学問体系を構築して、技術的側面・人間的側面・組織的側面で体系化し、総合的な視点から安全を捉えなければいけない。

最後に、安全はステークホルダー（関係者）全員で協働して創っていくものです。作る人、使う人、管理する人、経営する人など、様々な立場があり、安全にはいろいろな人が関与しています。

ある装置がだめなら次の装置でバックアップする「多層防護」という言葉は昔からありました。同様に、「多重安全」という言葉を私は提案します。多重安全とは、違った分野、違った立場の人が協働して、多重に安全を作っていく考え方です。例えば最近では、人工知能の発展のおかげでロボットなどの機械もある程度の知的対応が可能になってきたので、技術のほうも人間の領域や社会の領域と協調して多重に安全を確保することができるようになりました。このように、三者が協調して安全を作っていこうという協調安全の考え方が出てきていますが、これについては本書第４章（構築安全学）で述べます。

●―安全の本質

安全は人間の幸福実現のためであり、前向きでポジティブな考え方です。安全は価値です。そして繰り返しますが、絶対安全はありません。絶対安全がない以上、現実には、ベネフィットや利便性という求めたいものに対して、もう一方で危害発生の確率・ひどさ、そしてコストとの兼ね合いなどを常に皆で考え、合意しながら進まなければなりません。加えて、安全は放っておくと劣化します。

安全は、従来は縦割りの傾向がありましたが、本来は総合的に取り扱うべき総合科学です。大学の学科も縦割りが多いですが、安全学は総合的な学問です。物を作る場合であれば、ステークホルダー（関係者）が協力して、設計から廃棄まで安全を配慮し、物を使う立場まで含めて全員で安全を確保していかなければなりません。

●安全は全員で創る時代

最後になりますが、企業の経営者は安全を一生懸命に築き上げて安全な製品を作っており、消費者・利用者は安心を求める関係だと前述しました。この安全と安心をつなぐのが信頼であり、お互いにリスクに関してコミュニケーションすることが大事です。例えば、消費者はヒ

2　ホリスティック（holistic）。包括的、全体的。

安全は全員で創る時代

—製品、システムなどの安全について—

経営者の立場と顧客の立場の融合

- 企業（経営者、管理者）は**安全**の達成を追求している
- 現場（顧客）は**安心**を求めている
- 現場のリスク、不安を最もよく知っているのは顧客
- ヒヤリハット、インシデント情報は貴重な財産であり、顧客との絆である
- 企業は愚直なまでに安全を実現する姿勢を示す。よい情報も悪い情報も開示し、コミュニケーションを通じて顧客との信頼関係を樹立する
- 情報の開示と透明性が信頼を生む

ヤリハットや様々な情報、危ない目にあった経験とか有効な提案、こういったものをメーカ側にフィードバックする。メーカ側はそれに対して適切に回答するという、企業と消費者とのコミュニケーションです。両者をつなぐ信頼を得るためには、メーカ側は愚直なまでに安全を実現する姿勢を貫き、よい情報も悪い情報も十分に開示し、消費者との対話、つまりリスクコミュニケーションを実施します。それは確実に信頼につながります。そのためにも情報の開示、特に安全に関する情報は必ず皆にわかるよう開示して、皆で議論するという透明性が非常に大事になります。そういう意味で、安全は全員で創る時代になったといえるでしょう。

第2章 社会安全学

本章では、安全のために社会に存在し定着している組織や仕組み、制度などについてのお話をします。これらは社会安全学という範疇になりますが、その内容は広範囲にわたるため、ここでは細かい話はやめて大枠をお話ししましょう。

社会には安全のための様々な仕組みがあります。危険がどのようなものかによって、これらの仕組みは異なります。人々は、自分自身や社会の安全を守るために、どのような組織、仕組みや制度を作り上げてきたのでしょうか。

2・1　安全の社会制度

◉人間や社会を脅かす危険源

世の中には様々な危険があり、これを専門用語では危険源（ハザード）と呼んでいます。私たちの社会ではおおむねそれらの危険源に沿ったかたちで、身や社会を守る制度ができています。そこでまず、社会における危険源をリストアップしてみました。一番怖いものといえば、地震、火山、津波、台風、土砂崩れなどの自然災害でしょうか。これらの原因はなくすことができないので、どう予測し、防ぎ、逃げるかが大事です。これまでにも自然現象が原因で多くの人命が失われ、食料、住宅、地域崩壊などの多方面にわたって被害をこうむってきました。

ものづくりでの危険を考えてみると、この分野では人間の各種のミスや機械の故障・劣化などが発生し、これらを危険

人間や社会を脅かす危険源

危険源 （ハザード、脅威）		危害 （守りたいもの）
自然災害	地震、火山、津波、台風、土砂崩れ	人命喪失、食料・住宅問題、地域崩壊
人工物による危害	故障、劣化、過誤、設計ミス	身体的傷害、健康障害
人間の悪意	テロ、詐欺、サイバーセキュリティ、殺人、戦争	人命喪失、財産喪失、情報漏洩
生物	ウイルス・病原菌	病気、伝染病
人間の日常生活に関連する事項	不注意、無関心、習性、習慣	不慮の事故、生活習慣病

源として結果的にけが、健康障害、物が喪失するなどといった問題が生じます。

テロや戦争といった人間の悪意もあります。インターネット上の詐欺やサイバーセキュリティ関連で起こる最近の事件のほとんどは悪意によるものです。人間の意図が社会を脅かす危険源になっています。

ほかにも食べ物では、ウイルスでお腹を壊す、病原菌が拡散し病気や伝染病が広がるなどがあります。新型コロナウイルスのような感染症によるパンデミックも発生します。日常生活の中にも、身体を脅かす危険源はあります。不注意で不慮の事故に遭う、健康に無関心であったために生活習慣病になる、などがこうした例です。

◉安全のための各種の社会制度

これらの多様な危険源に対し、私たちは長い時間をかけて様々な社会制度を作って対処してきました。その典型例が、罪を犯した人間を捕まえる警察制度です。ほかにも、国を守るための軍隊制度、消防の制度、裁判制度、犯罪の被害者には被害者救済の保険制度もあります。これらの根幹にある制度が法律です。私たちの社会の安全は、こうしたたくさんの制度で成り立っています。

◉安全の組織的・社会的側面

安全学では、技術的に安全を守る、人間が安全を守るとともに、仕組みや組織、すなわち社会的・組織的側面で安全を守ることを考えます。そしてその一部が社会制度です。人間や組織・社会が、法律、ルール、基準、標準などを決め、これを守ることで安全を確保します。この基本的な発想は世界各国でそれほど違いがありませんが、現実的には国の文化や歴史によって内容が多少異なります。グローバル化により、多くの国の人が行き来しますので、社会制度の小さな違いが逆に危険源になることもあり得ます。

明文化され、適正に制度化され、誰でもが知っている社会制度もあれば、しきたり、習慣といった暗黙の社会制度を背景に抱えている場合もあります。規制や法律などでどこまで許すかは、社会的受容性、つまり社会がどこまで認めるかに依存するため、国や文化で大きく異なります。それぞれの実社会で長い時間をかけて、いろいろな社会制度ができているわけです。

サイバー空間、インターネット空間はまだ社会制度が構築される途上にあるため、十分とはいえません。そうした状況下で様々な事件事故が起き、被害者も出ています。ネット空間で被害に遭わないためにも、我々は実際の事件事故を踏まえ、適切な制度をこれから作っていかなければなりません。この領域での社会制度をどう構築していくかは、これからの私たちの課題となります。

2・2　安全のための法律と規制

◉三権分立の考え方

安全を確保するための社会制度の典型である法律は、様々なものを規制し、間違ったことをすると罰を与えるなど、社会制度の中でも安全を位置付ける意味で重要です。

法律は我々を守るとともに縛るものですが、それが適切に守られているかをチェックする必要があります。そのためにあるのが三権分立という考え方です。どの国にも似た考え方があり、中には四権、五権というところもありますが、日本では三権を取っています。安全のための法律を作ることは立法といって、国会が行います。法律に従ってきちんと執行、運用するためには行政があり、法律を破ったり罪をおかしたりしたときには、司法において裁判にかけて刑罰を与えます。日本は立法・行政・司法の三権分立で、それぞれが独立していることが大事です。

三権分立の考え方は、安全においても参考になります。安全の規則・ルールなどを作る人、それを守って

仕事をしたり管理したりする人、事故が起きたときに原因究明をする人と、それぞれの立場があります。ただ安全においては、それぞれの独立性とともに、お互いに協調する必要があります。

◉安全に関する法律の例

法律は基本的に、事故などの悪いことが起きないようにする、起こさせないようにするため、事前に規制することが主な目的です。安全に関する法律は非常にたくさんあり、図にいくつか例を挙げてみました。

企業で大事なのは、労働者を守るための労働安全衛生法でしょう。消費者が使う製品のための安全法としては、消費生活用製品安全法もあります。製品あるいはサービスで、顧客にものを売って使ってもらったときに、顧客がけがをしたり事故が起きたりした場合、その責任が企業と消費者のどちらにあるかを問う製造物責任法（Product Liability Act：ＰＬ法）もあります。これらとは別に、責任については刑法、民法があります。皆さんの分野での安全に関する法律もそれぞれあるはずですから、チェックしてその目的を考えてみてください。

安全に関する法律の例

●基本的には、事故を発生させないように事前に規制する

労働安全衛生法	原子力基本法	製造物責任法（PL 法）
環境基本法	消費生活用製品安全法	農薬取締法
電気用品安全法	薬事法	高圧ガス保安法
火薬類取締法	消費者基本法	交通安全対策基本法
消費者安全法	道路交通法	家庭用品品質表示法
船舶安全法	建築基準法	海上交通安全法
化学物質審査規制法	災害対策基本法	食品安全基本法
消防法	食品衛生法	医療法
個人情報保護法	……	

●責任については、刑法や民法がある

◉官と民との役割分担

安全は、国が全部責任をもってやればいいかというと、そう簡単ではありません。法律で全部規制することは不可能です。国と民の企業側や消費者には、それぞれに役割分担があります。大枠の方向は国が決め、実際は自分たちで自分の身を守ることで、安全は実現されます。

法律は、なかには努力義務もありますが、一般的には強制法規であり、従わなければ罰則があります。どこまでやれば安全かは必ず問われますから、安全基準が必要になります。満たしていなければ販売してはいけない、満たさずに販売したら罰則を与える、その基準です。安全基準は法律の中にかなり出てきますが、法律で決める安全基準は通常、最低基準です。各企業が最低基準を満たすのはあたり前で、それ以上にリスクを小さくし、より安全なものを作る、その安全競争の結果、顧客は安心してものを買えるようになります。事故が起こるとやたらと国を責める人がいますが、安全を実現させるには、国だけではなく民、つまり扱っている企業の役割もあるし、使っている消費者の役割もあります。これらをしっかりと押さえて社会の制度を運用しないと、責任転嫁や責任追及が起きてしまいます。社会制度としての法律が何のためにあり、どこまでがその役割かを、しっかりと理解しておかなければなりません。

イギリスでは過去に数多くの労働災害が起き、そのたびに法律を付け加えたため、法律体系が非常に複雑になってしまいましたが、事故は一向に減りませんでした。そこでローベンス卿という人が、法律のあり方を考える報告書、いわゆるローベンス報告を提出しました。内容は、労働災害をいかに減らすかにおいて、国がやるべきはルールを作って適正に規制すること、民は自分たちで考えて自主対応をすべき、というものでした。この二つが車の両輪のように協力しない限り、社会全体の安全は保てません。ローベンス報告をもとにイギリスには安全衛生庁ができ、多くの法律を労働安全衛生法に一本化したという経緯があります。

国、企業、そして顧客のそれぞれの役割分担は何か、責任はどこにあるのかなどを考えて運用することで、そのときの議論や経験が結果的に、安全を守る社会制度としてできあがっていくのです。

2・3　労働安全衛生法

◉労働安全衛生法

たくさんある安全のための法律の中から、一つ例を挙げて考えてみます。**どの企業にも従業員がいて、その身の安全を確保することは、企業トップの役割です。**国にも労働者の健康、安全を保つ責任があります。そのためにできたのが労働安全衛生法です。企業のトップは、少なくとも労働安全衛生法の目指すところを知っていなければなりません。

労働安全衛生法はほとんどの国にあります。国際労働機関（International Labor Organization：ILO）という国際機関があって、世界的におおむね同じ方向で労働安全衛生が行われています。

我が国では１９７２年に労働安全衛生法ができ、その第一条には法律の目的を「労働者の安全と健康を確保」と書いてあります。快適な職場環境を適切に形成することも掲げられています。

そこでは１番目に、危害防止の基準、安全の基準を適切に作れとあります。２番目には、責任体制、役割

労働安全衛生法

●労働安全衛生法の目的

第１条

- ◦労働者の安全と健康を確保
- ◦快適な職場環境の形成
  - （1）労働災害の防止の危害防止基準の確立
  - （2）責任体制の明確化
  - （3）自主的活動の促進

［1972（昭和 47）年制定］

をどうするかについて書かれています。企業の中では、事業主、管理者、現場のそれぞれの役割があるので、それらを明確にするようにということです。事業主には安全配慮義務があり、作業者はきちんと法律を守らなければならない。3番目は自主的活動。自分たちでしっかり自主的に行う。国が決めたからそのとおりやればよいというものではない。国は国の役割があり、法律は最低基準です。それを踏まえて、自分たちでいかに自主的に安全を確保していくかが問題です。

◉死亡災害発生状況

労働災害での死亡者数は、労働安全衛生法が制定された1972年から急激に減っています。そして最近では、減ってはいるものの下げ止まりのような状態です。それでも2015年には、統計を開始して以降初めて死亡者が1000人を下回りました。労働安全衛生法の施行後、労働災害が減っていることは事実であり、法律が大変に有効であったことを示しています。自主的に、というところがかなり効いていたと思いますが、よりいっそう減らすためには、これまでと異なったやり方を考えるべき時代に来ています。

◉イギリスと我が国の違いはどこか

労働災害での優等生はどこかというと、データではイギリスとなっています。イギリスは、ローベンス報告を受けて、国を挙げて本格的に労働災害に取り組んできました。そのイギリスと日本との違いを見てみましょう。

2007年と相当古いデータですが、労働災害で亡くなった人の数を人口10万人当たりで算出したものによると、日本は2・9人です。2015年に初めて2・0人を切りましたが、日本が2・9人だったときに、イギリスはほぼ3分の1の0・8人でした。統計の取り方には多少の違いはありますが、死亡者数が少ないのは素晴らしいことです。しかし、けがをして入院した人も全部含めた被災者数（1000人当たり）を見ると、日本は2・4人、イギリスは3・8人であり、日本のほうが優秀です。この違いは何によるものか。日本は度数率、つまり災害の数を減らすことに重きを置き、イギリスは強度率、つまり死亡や大きなけがを減らすことを重視しているので、日本は災害件数が少なく、イギリスは重篤災害が少ないという結果となっています。

もう一つの大きな違いは、イギリスでは、前もってリスクを適切に評価し、事故が起きる前に大きなリスクから手を打つというリスクアセスメント［4・2(1)「リスクアセスメントの考え方」参照］の考え方が浸透していることです。イギリスはトップが関与して、Plan・Do・Check・Act、すなわち

日本とイギリスの被災者数・死亡者数の比較

国	被災者数（雇用者数×1000人）	死亡者数（雇用者数×10万人）
日　本	2.4	2.9
イギリス	3.8	0.8

出典　中央労働災害防止協会(2009)：日本とイギリスの労働災害発生率の差異について[7]

イギリスと我が国の違いはどこか

イギリス：**リスクアセスメント**の重視、**設備・装置の安全化**の重視、事前対策の重視、**強度率**の重視
→**マネジメントシステム**の確立、認証制度の整備
→世界標準へ

日　本：**人間の注意**の重視［ヒヤリハット（HH）、危険予知（KY）、ゼロ災運動］
……作業者が優秀だった？
→低いレベルの安全装置、**度数率**の重視、労働災害数の下げ止まり

ＰＤＣＡを回して常に改善するマネジメントシステムの取組みを労働安全衛生に適用してきました。この点が、労働災害による死亡者数が激減した大きな理由の一つだと思います。我が国も機械設備側の安全を大事にしてきましたが、一方で労働者が非常に優秀だったため、人間が注意して安全を確保する考え方に長い間とらわれてきました。しかし、人間の注意には限界があり、機械設備側を安全にするほうが有効です。イギリスが取り入れた、機械側にどのような危険があるのかを先に見つけてリスク低減策を施し、ある程度安全になってはじめて使用するという、リスクアセスメントのやり方は重要です。

日本では労働安全衛生法が非常に有効に機能し、この法のおかげで労働災害が減ったことは事実ですが、これ以上少なくするには、そろそろ抜本的にやり方を考え直す必要があります。現在では、労働安全衛生法にリスクアセスメントの実施が努力義務として入り、労働安全衛生マネジメントシステムも浸透しつつあります。この二つを徹底して導入すれば、労働災害をさらに減らすことができるのではないでしょうか。

２・４　安全における保険制度

◉保険制度の歴史

安全のための社会制度として法律は大事ですが、現実に事故がゼロにはなりません。当然被害者が出ます。そのときにどうすればよいか。その一つに保険制度があります。保険制度は我々の安全を保つために重要な役割を果たしており、様々なメリットがあるので社会に広く使われています。

保険のような考え方は紀元前からあったといわれ、海上貿易とともに発展してきました。船主が船で荷物を運ぶ際に、台風や嵐などで船が沈んだ場合、損害をどうするか。お金を借り入れて、船が無事に返ってくれば借りたお金と利息を払い、だめになったときはお金を返さないという制度であったといわれています。

いわゆる海上保険がその始まりでした。

生命保険もイギリスで始まりました。牧師組合を作ってお金を出し合い、葬儀や遺族への生活資金を皆で分担するところから生命保険が始まったといわれています。その後、今の保険制度に似たものへとだんだん大きくなり、ロイド社が現在の保険制度を作りました。海上保険や生命保険以外にも健康保険、損害保険、火災保険、自動車保険、労災保険などがありますが、基本的には、リスクや危険性に対して、担保のために皆でお互いにお金を出し合い共済することで、事故に対してある程度の補償をするというものです。保険はこのように危険性やリスクと強く関連しています。

◉安全における保険の役割

保険にも安全に関してのいろいろな役割があります。被害者の救済、皆で助け合うという保険本来の大きな目的のほかに、**リスク低減へのインセンティブを与えたり、リスクレベル設定の合意を促したり、また、再発防止にも保険は相当貢献しているのです。**

労働安全の例を考えてみましょう。機械に事故が起きそうなとき、こんな危ないものは使えないと作業者が言ったとします。絶対安全はありませんから、どこまで安全対策をするか。このとき保険会社が入ると効果を発揮します。リスク低減策により、リスクがここまで小さければ保険料はこのくらい、もっと安全なら保険料はもっと安い、となります。事故が少ないほど保険会社にはメリットがあるからです。保険も事業ですから、事業が成り立つためにもリスクを下げるように促すことで、結果的に安全に貢献するのです。

◉許容可能なリスクの決定と保険の役割

雇用者、労働者、保険会社の三者が合意すると、保険料も高くならず、かつ、安全が続けばさらに安くなる仕組みが成り立ちます。リスク低減をどこまでやったらよいか、すなわち許容可能なリスクにするためにどこまで対策するかにも、保険の役回りがあるわけです。

また、雇用者が保険料を少しでも安くしようと考えれば、雇用者にはリスクを下げよう、事故を減らそうというインセンティブが働きます。これが、事故の未然防止にも保険が貢献しているという意味です。

それ以外にも、安全のためにどこまでリスクを低減させるかを、雇用者と労働者と保険会社が入って皆で相談し、合意して決めることになれば、ここまでやっても事故起きたなら、もう責任は問わない、その被害者には保険で補償しましょう、となります。そして、原因を究明して再発防止に努めようというとき、保険は事故再発防止、リスク低減に役に立つことになります。

2・5　安全と責任

◉過失と注意義務違反

安全で最も深刻な問題は、事故が起きたときに被害者が出ることです。事故の原因のほとんどは人間の過

許容可能なリスクの決定と保険の役割

- リスクがゼロにならない以上、事故の発生の可能性は常にある

⇓

- 例えば労働安全では、リスクレベルに関して、雇用者と労働者と保険会社の合意を促す
- 許容可能なリスクの低減にインセンティブを与える
- 合意のレベルまでリスクを下げたのに、事故が発生した場合には、責任は問わないで、事故調査を行って原因を究明し、再発防止策を実行する
- 被害者には保険で償う

⇓

安全の確保に貢献する

失、失敗に関係します。ここに必ず責任問題が生じます。

過失を犯した人に対して、例えば賠償責任を負わせるという話があります。過失の中でも注意義務違反の過失は法律で裁かれます。ちょっとショックを受けるのですが、民法第709条には「故意又は過失によって他人の権利又は法律上保護される利益を侵害した者は、これによって生じた損害を賠償する責任を負う」とあります。何がショックかというと、故意、いわゆる悪意をもってやることと、ついうっかりやってしまった過失が同列になっている点です。過失で責任を負わされるにはかなり条件が厳しくされていて、現実にはそこまではなかなかいかないのですが、故意と過失を同列に取り扱っている根本的な精神に問題はないでしょうか。過失の中でも責任を問われるものに、注意義務違反がありますが、これは二つの要素から成り立っています。一つ目は予見可能性、危害が発生すると予想できたか否かです。二つ目は回避可能性、予想した危害の発生を回避する努力をしたかどうかです。予見できなかった、回避できなかったのなら仕方がないことかもしれません。しかし、予見できるのにしなかった、回避できたのに努力しなかったときには明らかに法律的には過失となる。これらが過失の成立要件といえます。したがって、今の法律では過失でも、罰則を与えられることがあり得ることになります。

◉過失による責任の種類

過失はある意味で人間の特質であり、それに対して罰を与えることには疑問を覚えます。次ページの図では過失による責任の種類を思いつくまま挙げてみました。通常、責任といえば、刑事責任、民事責任、行政責任があります。刑事責任は刑務所に入る可能性があり、民事責任はだいたいがお金で賠償することになります。過失責任については、前述した予見可能性、回避可能性の二つ、要するに過失が証明されない限り、責任を問われないのが原則です。最近では、被害者が出たのであれば、被害者を救うために、過失があるか否かを問わず損害賠償の責任を負うという考え方があり、これを無過失責任と呼んでます。自動車の自賠責も、自ら過失がないと証明しない限り、または被害者に故意、過失があったことを証明しない限り、運転者側が責任を負うというのは、この考え方に近いものです。ＰＬ法でも欠陥があれば、故意や過失にかかわらずメーカが責任を負う形になっています。労災保険は典型的な無過失責任賠償制度です。原因、責任に関係なく、一律にけがをした人、被災した作業者にお金を適正に支払うという制度です。そういう意味では、被害者の立場に立って、過失責任から徐々に無過失責任へ世の中が動きつつあります。

◉安全の責任は事前責任

では、安全における責任はどうなるか。人間は間違えるものだと考えるならば、結果責任だ、間違えた人の責任だというのではなく、事前責任で、やるべきことをやっていたかに焦点を当てるべきです。事前に、事故について対策をし、それを文書化しておいたならば、ある程度責任を問われない制度にすべきではないか。**事前にやるべき安全対策をきちんとやっていたかが本来の安全責任です。**このことは保険制度とも関連して、どこまでリスクを下げるかが重要となりま

過失による責任の種類

- 刑事責任、民事責任、行政責任
- 過失責任…過失が証明されない限り責任はない
- 無過失責任…過失があるか否かを問わずに発生する損害賠償責任
- 自動車損害賠償保障法…自ら過失がないこと、被害者に故意・過失があったことを証明しない限り、加害者が責任を負う
- 製造物責任法（PL 法）…製造物に欠陥があれば、製造者は過失の有無にかかわらず責任を負う
- 労働災害保険…無過失責任賠償制度→原因、責任に関係なく被害者に賠償金を支払う

過失責任から無過失責任の時代へ

す。皆で合意したうえで事前にやることをやっていれば責任を問わない。事故が起きた場合は、保険で賠償し、原因を究明して再発防止につなげていくという発想が大事です。

2・6　事故調査の機構・制度

◉事故調査の目的

　事故が起きないように前もって手を打っておくことが、安全では一番大切です。しかし、現実には事故は起き、なかなか避けがたい。起きてしまったら、なぜ起きたかその原因を究明し、再発防止策を提案して、同様の事故が二度と起きないようにしなければならない。この意味で事故調査は非常に重要な機能であり、そのための制度や機関が必要です。

　人が亡くなったり大けがをしたりすると、責任問題となり、警察は犯人捜査をします。警察はそれが役割です。一方、我々安全の専門家にとっては、犯人が誰かよりも、なぜ事故が起きたのか、どういう構造で、どういう背景で起きたのか、どのように行動すればそ

事故調査の目的

- 事故の原因究明であり、再発防止策の提案である
- 決して犯人捜査や責任追及ではない
- どんな事故調査報告書にも、「**再発防止の観点からの事故発生原因の解明、再発防止対策等に係る検討を行うことであり、事故の責任を問うためのものではない。**」と記されている
- 事故当事者の証言に関し、刑事裁判の証拠として事故調査報告書の使用は認めるべきではない

れは防げたのかという、事故調査と再発防止が重要です。誰が犯人かを問われると、事故調査は大変難しくなります。そのため、全ての事故調査報告書には必ず「再発防止の観点から、事故発生原因を解明し、再発防止対策などにかかわる検討を行うことが目的であり、事故の責任を問うものではない」ことが明記されています。基本的に事故調査の報告書は、裁判において刑事裁判の証拠として使ってはならないというのが世界的な傾向です。ところが、日本ではまだ証拠として使われている例がかなりあります。そのため、現場で過失を犯したと思われる人が、現状や真実を話してくれないことがよくあります。

◉犯人捜査より事故調査を優先させる

犯人を見つけ、その人の過失だと責めるより、何が原因で、どうすれば再発防止ができるのかを追究したほうが、はるかに未来の事故防止につながります。意図的なルール違反などには処罰を与えることも必要でしょうが、過失は人間の特性です。過失の責任を追及するよりも、過失は原因ではなく結果であり、人間関係など様々な問題が背後にあると考えることで、原因や背景を明確にして過失を防いだり、少なくする努力をすべきでしょう。それが事故調査の大きな役割です。

警察と検察庁は、パワー、能力、起動力があります。故意や悪意には警察、検察が特化して受け持ってもらい、過失の場合は事故調査機関または専門家が中心となって、一緒に協力をしながら、再発防止、原因究明をするのが最良ではないでしょうか。これからの事故調査のあり方はそうあってほしい。それというのも、繰り返しになりますが、過失犯を捕まえて刑罰を与えるより事故の真の原因を考えるほうが、はるかに今後の事故再発防止に役立つからです。

◉事故調査報告は社会の共有物

事故は至るところで起き、それらの事故をいかに少なくするかが課題となります。事故には被害者がいて、非常につらく気の毒な目にあっています。二度とこのようなことが起きないように、根本原因を見いだすために、なぜそれが起きたかをきちんと解明し、再発防止につなげること、これが事故データに基づく事故調査報告です。この意味で、事故調査の結果は社会の共有財産です。事故データを隠すことは、事故再発防止の観点からすると、まことにもったいないことです。過失を調査するとき、様々なデータを警察が押収し、事故調査する側でなかなか閲覧できないとか、事故原因の詳しいデータが出てこないことがあるのですが、とても残念です。事故データ、事故調査報告の内容は社会の共有物であり、プライバシーを除いて公開すべきでしょう。

2・7　安全の標準化と安全基準

◉標準規格

社会の安全を守るための社会制度で、法律や保険のほかに、もう一つ重要なのが標準（スタンダード）、規格、安全基準という制度です。

事故調査報告は社会の共有物

- 技術的要因だけではなく、システム的・組織的要因、人間や管理的な要因、複合的な要因を含めて広い視点から原因を究明する
- 過失はその人のせいだけではない。背景や組織的要因も明らかにすべきである。第一、過失は人間の特性であり、結果である
- 事故調査の本来の目的は再発防止にある
- 事故データ、事故調査報告は社会の共有物（プライバシーを除く）であり、公開されるべきである

いわゆる標準（スタンダード）は昔からあります。最初はねじの規格など工業規格から始まりました。世界中でいろいろなねじが使われていますが、ばらばらな作りでは不便なため、規格を決めて統一化しました。その規格の決め方は、デファクトスタンダードとデジュールスタンダードの二つに大きく分けられます。

デファクトスタンダードは競争原理に基づくもので、市場競争の中で一番使われ、結果として事実上の規格となったものです。デジュールスタンダードは、皆が集まって相談したうえの合意に基づきます。合意ができたら、標準化団体におけるさらなる世界的な合意によって、これを標準とすると決めていきます。したがって、デジュールスタンダードはその成り立ちからいって重要です。

デジュールスタンダードなどを作る標準化団体のうち、基本的で最大のものに、国際標準化機構(International Organization for Standardization：ＩＳＯ)と国際電気標準会議（International Electrotechnical Commission：ＩＥＣ）があります。この二つがものづくりにおける主な標準化団体です。ＩＳＯ、ＩＥＣは標準を作りますが、基本的には任意規格であり、な

標準規格

- **デファクトスタンダード**（競争原理で決まる標準）と**デジュールスタンダード**（標準化団体により合意に基づいて決められる標準：公的標準）
- 代表的な国際標準化団体：ISO（国際標準化機構）と IEC（国際電気標準会議）
- 標準は基本的には任意規格。ただし、法規で引用すれば強制規格となる
- JIS は、日本工業規格から日本産業規格へ
- 標準化の対象：ねじ等の工業部品→製品→システム→要員→サービス
- 標準を制する者が世界を制する時代に

るべく従いましょう、従うと便利で効率がよいという性格のものです。日本にも、日本産業規格と名称が変更されましたが、日本工業規格（Japanese Industrial Standards：ＪＩＳ）が以前から存在しています。標準を制する者は世界を制するといわれるほど重要な制度です。

◉安全こそ規格、基準が重要

安全の世界でこそ、規格が重要です。製品やサービスは世界へ出ていくものですから、規格に従っている必要があります。よくいわれる例に水道のレバーがあります。水道の蛇口のレバーは、上から下へおろすと水が止まり、上へ上げると水が出るという仕組みで、これは世界標準ですが、日本では昔は逆でした。仮にこれがバラバラだと不便です。さらに、レバーは左に回すと水温が熱くなり、右に回すと冷たい水が出るというのも世界標準です。もし、これが標準ではなく逆のレバーがあったら、間違えてやけどをしてしまうかもしれない。こうしたことからも、安全にとっての規格の大切さがわかります。

ＩＳＯやＩＥＣでは、安全のための国際規格ができあがっており、ヨーロッパを中心にアジアや日本でも、その国の規格になりつつあります。安全に関しては、長い期間を通じて事故を起こしながら学び、再発防止で培ってきた人間の知恵を、共通知識、共有財産とすることで安全の規格ができあがってきたといってよいでしょう。世界標準に従いながらものを作ることで、安全に関してある程度責任を果たすことができるわけです。どこまでやれば安全かと疑問に思ったとき、安全基準として規格を用い、これを満たせば安全とみなせることになります。

安全基準と規格は、非常に深い関係にあります。例えば日本ではＪＩＳは任意規格ですが、日本の法律でＪＩＳを引用した場合、ＪＩＳの標準規格は強制規格になることもあるので、よく理解しておくことが必要です。国が規格に従って、それを安全基準とした場合、通常は最低基準です。安全基準を超えて、業界団体は業界基準としてもっと高い基準を作る。各企業でもさらに高い自社基準などを作ることによって、安全競争で安全を向上することが、顧客の信頼獲得につながります。しかし、その企業独特の規格が世界標準に則っていなければ、世界には通用しないかもしれません。

◉機械安全における国際安全規格の階層化構造

機械安全の世界では、ＩＳＯが一般の機械などを中心に標準化を担い、その中で電気系はＩＥＣが担っています。ここで採用されている階層構造という規格体系はすばらしい考え方です［4・1(4)「安全規格の体系化」参照)。一番上にＩＳＯとＩＥＣにまたがって、ＩＳＯ／ＩＥＣガイド51という、安全の規格を作るためのガイドラインがあります。ここには、安全とは何か、リスク低減策はどうすればよいかが書いてあります。その下に、Ａ、Ｂ、Ｃの三層構造があり、Ａ規格はいわば憲法に相当する、全てに共通する基本規格で、機械などの安全設計のための基本安全規格です。Ｂ規格は共通で使える規格であり、その下に自動車や産業用ロボットなど、それぞれの個別規格であるＣ規格という三層構造になっています。新しい機械や製品が出てきて規格がまだできていない場合には、Ａ規格に則って、Ｂ規格の共通の安全規格で作れば認められるという使い方もできます。このように、国際的にまとまった、体系化した規格があることを頭に入れておいてください。

2・8　認証・認定システム

◉認証という考え方

安全のための社会的な制度で忘れてはならないのが認証・認定のシステムです。用語は難しいですが内容は簡単です。例えば、ある製品を買おうとしたとき、知っているメーカなら安心ですが、よくわからないものを買うには不安がつきまといます。どうすれば安心できるか。安全であることが証明されているラベルが貼ってあればわかりやすいでしょう。けれども証明する機関があやしければ、それもまた困る。どのように解決すればよいでしょうか。

まず、安全基準をきちんと作ります。国が作ったり、業界が作ったり、国際規格であってもよいでしょう。この機械・製品はこの安全基準に則っていることを保証する、というのが認証制度です。ある基準に則っているかどうかの判断を適合性評価といいますが、その基準に則っていれば、それを証明するラベルを貼って流通させるというのが、認証の考え方です。自己適合宣言といって、自分の会社の基準、あるいは国の基準でも業界の基準でもよいのですが、その基準に適合していることを自分で適合宣言して、ラベルを貼るという場合もあります。しかし、信用できないかもしれない。そのため、第三者認証といって、ユーザでもメーカでもない第三者が客観的にこの基準に則っていることを確認し、認証します。認証とは、基本的にはこの第三者認証のことを言います。

◉製品認証制度

製品の認証制度においては、製造者、供給者、ものを作る側を第一者といいます。それを買って使うのは、ユーザ、購入者であり、第二者といいます。適切な基準に従って作っているかを、安心のためのマークで証明してくれるのが第三者の認証機関で、製品の安全性を客観的に判断することになります。ところが、この認証機関自体が信用できるかという問題が生じます。

◉認定という考え方

そこで出てくるのが認定という考え方です。認定とは、認証機関が信頼できるかをチェックすることです。まず、認証機関が満たすべき基準を明確にする。この認証機関は基準を満たして大丈夫、この認証機関

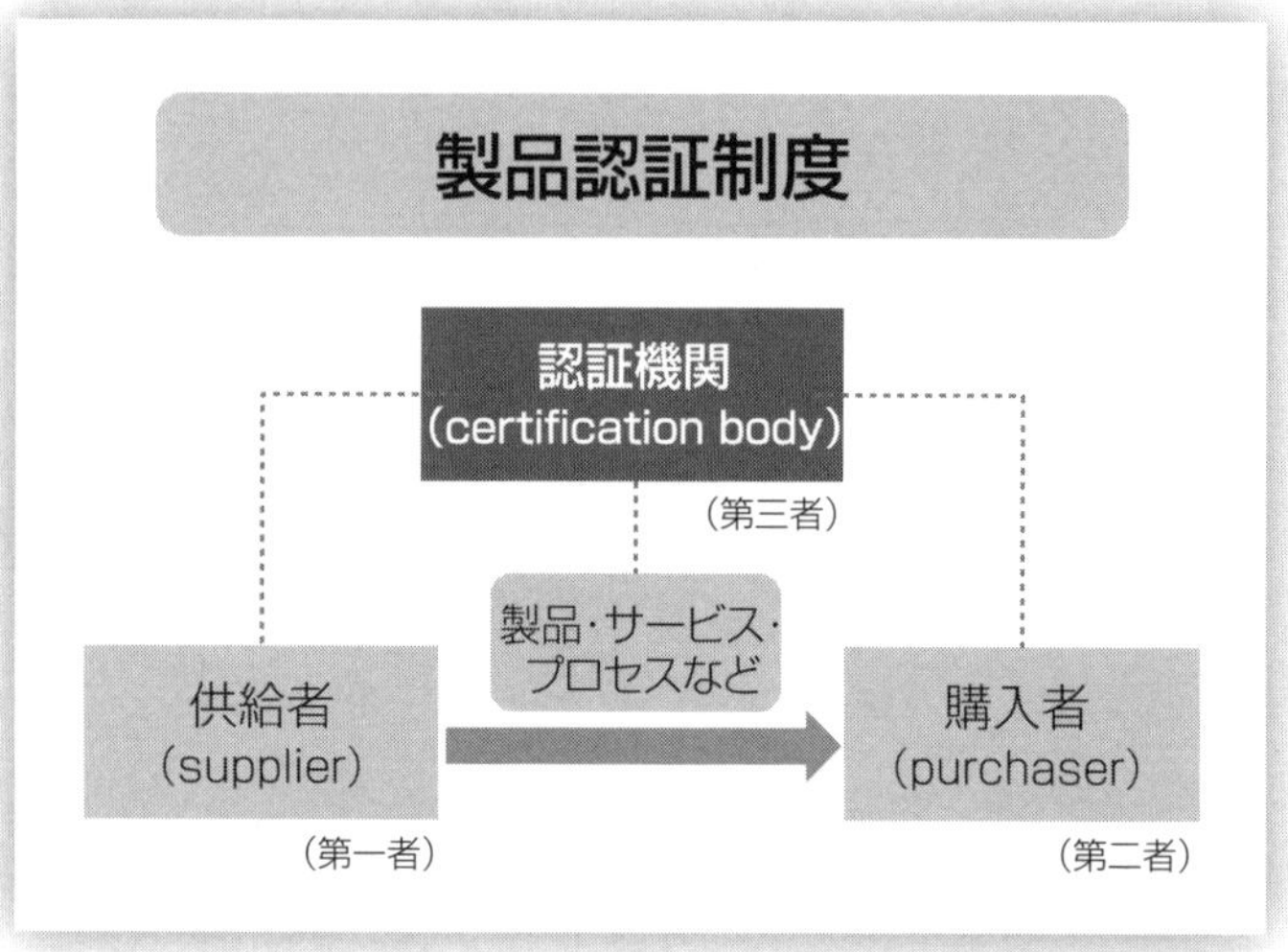

出典　日本産業標準調査会ウェブサイト[8)]

認定という考え方

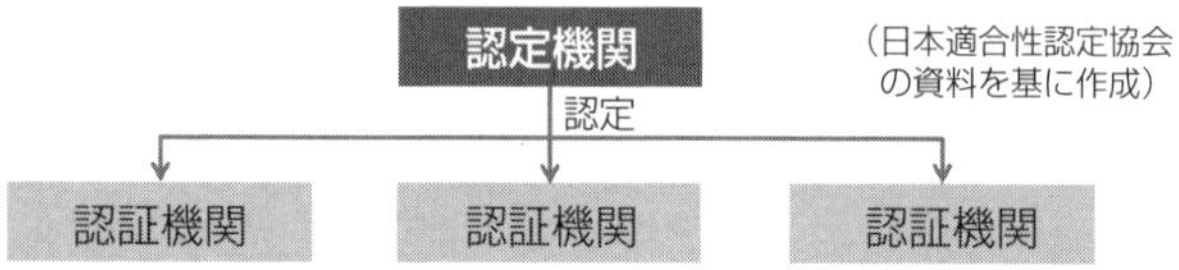

- 認証機関は、信頼できるのか？
- 認証機関が信頼できることを認証する（この場合には**認定**と呼ぶ）のが**認定機関**
- 認定機関は信頼できるのか？　⇒　きりがない
- 製品認証の一つであるJISマーク制度は、認定機関は国である。JISマーク制度の場合には、昔から認定という言葉の代わりに**登録**という言葉を用い、認証機関は**登録認証機関**と呼ばれている
- マネジメントシステム（品質、環境等）の認証は、製品認証ではなくシステムやプロセスを認証するマネジメントシステム認証である

出典　日本産業標準調査会ウェブサイト[8)]

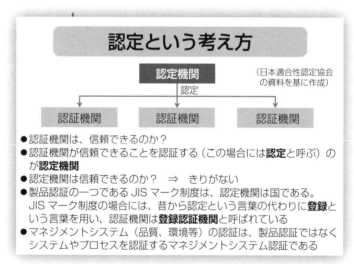

が認めたものならばラベルを貼ってもよいと保証するのが認定機関です。この認定機関自体があやしいとなると終わりがありませんが、通常、認定機関は歴史のある組織が行うか、日本の場合は国が行うことが多く、ＪＩＳの認定は完全に国で行っていました。認定や認証という言葉は世界的な標準用語ですが、ＪＩＳでは国が認定機関の役割を果たしており、認証を登録するという意味で登録認証機関と呼びます。言い方は様々ですが、考え方は同じです。認定、認証という専門用語は紛らわしいですが、意味が違うことは理解しておいてください。

最近はマネジメントシステムを認証しようという動きが盛んになり、品質マネジメントシステム、環境マネジメントシステムなどの認証が行われています。トップが関与して、システムとして適正にまわっているか、基準に則って行っているかなどを第三者がチェックし、認めるというものです。製品でもプロセスでもサービスに関しても、こうした考え方が定着して、世界の標準の形となりつつあります。

2.9　防災と減災

◉自然災害

社会安全のテーマでは、社会制度で安全を保ちますが、最大の課題は防災です。

日本は自然災害が尽きません。自然災害からいかに我々の身を守り、家族を守り、社会を守るか。防災と呼ばれる分野では、人間のミスや機械の故障ではなく、避けられない自然現象が原因です。自然災害における危険源は、地震、台風、火山、津波、風水害、土砂崩れなどになります。自然災害は被害が甚大で、広域にわたり、復旧も長期にわたります。被災すると被害として、人が亡くなる、経済的に大きなダメージを受ける、交通や電気・ガス・水道のインフラが機能しなくなるといった事態が生じます。長い目で見ると、食料や住宅の問題まで起こってきて、コミュニティの崩壊なども発生します。

◉防災対策

危険源である自然現象は止められません。地震に対しては、壊れないようにものを強く作るというハード的対策はあります。しかし、どのくらいの大きさの地震が発生するかはわからないので、どう作っても壊れる可能性はあります。とすると、うまく逃げる、避難するための仕組みやルールを作るという、ソフト的な対策に頼らなければなりません。ハードとソフト両方の対策が必須です。

自然現象が発生する前に予知できる台風などはまだよいのですが、地震の予知は研究されてはいるものの、極めて困難であるといわれます。自然災害は起きることを前提に、万が一起きたときの計画を作って、訓練しておくことが大事です。災害前には、企業であれば事業継続計画（Business Continuity Plan：ＢＣＰ）を立て、地域は継続性を保って適切に存在し続ける計画を立て、常に訓練しておくべきです。

災害が起きたときには、いかに耐えるかが防災の第

防災対策

- 対策：ハード（技術）、ソフト（人間、組織・仕組み）による総合的な対策が必須
  - （1）発災前：予知、事前訓練、**事業継続計画（BCP）**・地域維持計画の立案
  - （2）発災時：防災…被害を防ぐ（フォールトトレランス）
  - （3）発災直後：減災…被害を小さくとどめる（フェールソフト）
  - （4）発災後：縮災…被害から早く復興・復旧する（レジリエンス）
- ハード的な対策（防ぎきれない）とソフト的な対策（避難等）とのバランスを考え、リスクを許容し、減災の考え方を受け入れれば、現実的な費用で対策を行うことができる

一です。ものづくりの世界での、信頼性を高くして壊れないものを作るフォールトトレランス［4・5(2)「フォールトトレランス」参照］に相当します。とはいえ、ある程度の被害は覚悟しなければならない場合があります。そうなると、次は被害を小さくする対策、減災を考えなければなりません。ものづくりでは、少し壊れても、大事な部分は正常を保つ対策であるフェールソフト［4・5(3)「フェールソフト」参照］に相当します。

減災しても、いつかは立ち上がらなければなりません。継続的に存続すること、そのためになるべく早く立ち上がる必要があります。これはレジリエンス［4・5(8)「レジリエンス」参照］の考え方です。**頑強に作って耐え、それでも被害を受けることを覚悟のうえで、いかに早く立ち上がるか。これを縮災とも呼んでいます。**このように復旧までを考えて計画しておき、ハードとソフトで対策をし、訓練しておくのです。

●警戒を怠らない

自然災害は基本的に予測ができず、止めることもできません。常に事前に準備をして訓練し、計画を立て、ときどきそれを練習しておくことが大事です。初期対応から暫定対応、長期対応、復旧対応まで、全て事前に計画しておくべきでしょう。大災害が起こったとき、初期では自分で自分のことを助ける自助しかありません。少し余裕ができたら、お互いに助け合う互助、そのあと地域やみんなが協力し合う共助が可能になります。最後は公助で、国や税金でサポートし、救済しましょうとなります。大災害は様々なパターンがあり、起きた時期や状態などに合わせて、自助、互助、共助、公助、という発想が必要です。

防災に関しては、歴史にもおおいに学びましょう。これまで人間は歴史の中で様々な自然災害を体験しているはずですが、残念ながらあまり記録が残っておらず、伝承されてもいません。たとえ残っていたとしても、人間は忘れる生き物で、忘れ去られてしまいます。ぜひ、２０１１年に起こった東日本大震災と大津波の災害を伝承し、何百年も残し、常に警戒を怠らないことを忘れないようにしたいものです。

2・10 消費者安全

◉安全における消費者の役割分担

自分の安全を自分で守るのはあたり前ですが、例えばものを買って、その品物でけがをしたら気持ちがおさまらないでしょう。消費者がものを買って消費生活をおくる際に、事故が起きないようにするにはどうするか。安全は皆で創るものという安全学の主張の観点から、消費者安全という問題を考えてみます。

企業にも消費者にも、役割があります。企業には、許容可能な小さいリスクまで低減した安全な製品を作る役割があります。絶対安全はありませんから、そこには必ず残留リスクがあります。どういうリスクがあるかを情報提供するのも企業の役割です。

一方、消費者は、自分の身を自分で守る必要があります。どんなものにもリスクがあることを覚悟し、それは自分の問題と主体的にとらえて自分の身を守る、これが消費者の役割です。それに加えて、安全は価値であると認め、安全に正当なお金を払うことも消費者の役割です。安いから多少危なくても買うという発想ではなく、安全なものにはそれだけの価値があるとして、適切な対価を払う精神を消費者は持たなければなりません。そして、まじめにやっている企業を高く評価する。それでも問題は起きます。こんな危ない目にあった、これは危ないのではないかということは、きちんと情報発信する。他の仲間を救うことにもなり、消費者の勤めといえるでしょう。

一方、企業が適正に役割を果たしているか、消費者が自分の役割を果たして、何かあったら情報をフィードバックしているかなどを、監視し、規制し、時にはよい企業を褒め、悪いものには罰を与える、これらが国の役割となります。

◉消費者心得12か条

消費者の役割を、心得12か条としてみました。信頼できる会社からものを買いましょう。製品ごとに正しい使い方があるので、マニュアルを読んで間違った使い方をしないようにしましょう。それでもリスクはゼロではないので、常に注意しながら使います。最後は自分の身は自分で守るのだという気概です。そのためには電気製品やその他全ての製品において、寿命はどれくらいか、異音がしないか、振動していないか、熱くなっていないか、などに注意を払って使います。

2・11　高齢者と子どもの安全

◉リスクは小さければ小さいほどよいというものでもない

公園などから、ブランコやすべり台が撤去される話をよく聞きます。子どもたちがぶつかって事故が起こり親たちから文句が来るから、公園を管理する担当者は、遊び道具がなければ安全と思って撤去するのだそうです。この考え方は根本的に間違っています。まず、公園などの遊び道具は、生命にかかわったり、後遺症

消費者心得 12 か条

1. 信頼できる会社の製品を買おう
2. 製品ごとの正しい使用法を尊重しよう
3. 製品のリスクはゼロではない
4. 最終的なリスクの対応は消費者に任されている
5. 自分の身は自分で守る気概を持とう
6. 手入れ、保守点検は消費者の責任である
7. 製造年月日、異常（音、臭い、発熱）に注意しよう
8. 製品には寿命があることを知ろう（部品・材料は劣化する）
9. 安全には適切な対価を払おう
10. 事故情報に気を配ろう
11. ヒヤリハット、気がかり情報は発信しよう
12. 安全に真摯な企業を評価しよう

が残るような事故が起きないように配慮して、設計・設置するのは当然で、これは管理者側の役目です。しかし、少しぐらいの事故は避けがたいし、あったほうがよいとすら思えます。小さな事故を経験することで学び、将来の大きな事故を防ぐよい体験になり得ます。そうした経験の場を持たない子どもは不幸です。リスクの小さな、安全な場所だけで育った子どもが、大きくなってどうなるか心配になります。

リスクは、小さければ小さいほどよいわけでもありません。特に子どもにとって、小さなリスクを克服することは、体力、気力を育みます。楽しいから、ベネフィットがあるから、リスクは少しぐらいあっても、注意しながら、小さなけがをしながら、それを乗り越えるという経験が子どもには貴重です。

◉高齢者や子どもたちも含めて皆が一緒に生活する時代

子どもは通ってきた道、高齢者はこれから行く道。体の不自由な方ももちろんいる。このような構成の社会が自然な姿です。製品や施設・設備を設計・設置するとき、高齢者、子ども、身体障害者などが利用することをはじめから想定しておきます。例えば、階段を

高齢者や子どもたちも含めて
皆が一緒に生活する時代

—高齢者の安全・安心は、社会全体で考えよう!—

- **バリアフリー**とは？
  高齢者、身体障害者のために、バリア（障壁）を取り除き、生活しやすくすること
- **ユニバーサルデザイン**とは？
  国籍、文化、老若男女といった差異、障害・能力のいかんを問わずに利用することができる施設・製品・情報の設計
- **ノーマライゼーション**とは？
  障害者と健常者とが、お互い特別に区別することなく、社会生活を共にするのが正常なことであるという概念
  →SDGs で主張されているインクルージョン（包摂：多様性を包み込む）につながる

スロープにして障害（バリア）を取り除き、足の不自由な人や車いすの人が自由に使えるバリアフリーな設計は当然のことです。

バリアフリーを含んだより高度な設計の考え方に、高齢者や子どもはもちろんのこと、老若男女、国籍や文化の違いを超えて、誰でも自然に利用できるように設計をする、ユニバーサルデザインという発想があります。この設計思想の背景には、身体や文化、能力の差異を超えて、皆が自由に差別なく利用できるようにという考え方があります。

ユニバーサルデザインの考え方を進化させると、ノーマライゼーションという思想に行きつきます。高齢者、子ども、健常者、身体障害者、全ての人々が、差別なく、互いに助け合いながら一緒に社会生活をするのが正常で自然な社会の姿であるという考え方です。この考え方は、ＳＤＧｓ（Sustainable Development Goals：持続可能な開発目標）でいわれるインクルージョン（包摂）につながります。全ての人々、身体障害者だけでなく知的障害者も含めて、人間の多様性を認め、全てを包み込んで誰一人取り残さないという思想です。

2・12　サイバーセキュリティとIoT技術

◉サイバー空間の安全とは

新しい技術が出てくると新しいリスクも出てきます。従来の制度と並んで、新しく出てきたリスクにどう対処するかも考えていかなければなりません。

新しい技術に伴って生じる新しいリスクの典型例が、サイバーセキュリティ、つまりネット空間、サイバー空間の上での安全です。現在、我々が生きている実社会には、インターネットという今まで我々が生きてきた物理的空間とは異なる新しい社会が加わりました。一般的に、安全（セーフティ）は主として、人間の過失や機械の故障に起因する人間の生命への危害を対象としますが、セキュリティは、ほとんどが人間の故意に基づく情報への危害を対象にしています。サイバー空間では、様々な事故、被害がすでに起き、原因は故障やミスというよりも、ほとんどが悪意、故意によるものです。生命に直接関わるわけではないものの、情報が改ざんされた、盗まれた、利用された、詐欺にあったという被害です。問題は、これらへの対策が、現状では社会制度として十分にできあがっていないことです。サイバー空間で問題が生じたとき、情報の被害をどうとどめ、情報へのアクセスをどう認めて許可するかという対策・制度が今後、ますます必要になります。社会に悪人がいるのと同じく、ネット社会にも悪事を働く人間はいます。サイバーセキュリティの被害もリスクと同じで決してゼロにはなりません。

◉新しい機械安全技術の方向が見えてきた

ＩｏＴ（Internet of Things）やＩＣＴ（Information and Communication Technology）など、情報通

サイバー空間の安全とは

- 一般的に、サイバー空間内の安全とは、サイバーセキュリティのこと
- セーフティ（安全）とセキュリティの違い：主としてセーフティは、故障、過失等に起因する生命への危害に対して。セキュリティは、故意に基づく情報への危害に対して
- 情報への危害：情報の漏洩、改ざん、なりすまし、振込詐欺、…
- セキュリティのリスクはゼロにはできない
- サイバー空間での安全のための社会制度は、まだ、十分にできあがっていない

信の技術やコンピュータが発達し、人工知能（AI：Artificial Intelligence）、ビッグデータ、クラウド、ロボットなどの新たな技術も出てきました。サイバー空間と実社会である物理空間がネットでつながる時代です。今まで機械安全では製品の安全を説いていましたが、今やその製品がインターネットを経由して、ネット空間、サイバー空間とつながっています。ＩｏＴでは物と物とがデジタル情報でつながります。物と人間の社会が全てつながる時代です。企業からすれば、ありがたい、面白いことができる、一儲けできる社会かもしれません。イノベーションも起きるなど、プラスの面がたくさんあります。しかし、忘れていけないのは「ベネフィットのあるところ、必ずリスクあり」です。

昔から人工知能もビッグデータもありましたが、コンピュータパワーが上がり、以前より速く適正な処理が可能となって、実用的になりました。機械安全や製品安全でいえば、新しい技術でさらにリスクも減らせるようになりました。しかし、それらがつながったことで別のリスクが出てきます。典型的な例は自動車の自動運転技術です。この技術で便利になり、交通事故は明らかに減りますが、新しく発生するリスクのための新しい法律を作らなければなりません。

現在は、社会制度の転換期に入っているようです。サイバー空間の世界と従来の物理的な世界が一緒になり、新しい社会ができあがるわけですから、そのための新しい安全の制度、仕組みが必要です。安全学の視点からは、新しいリスクに前もって対応しなければなりません。今までは、便利さのゆえにシステムを導入して、被害が多く出た後から、被害を救うための社会制度が作られてきました。その間、被害者は我慢を強いられていたわけですが、これからは逆の発想です。今からどのようなリスクがあるのかをチェックし、リスクアセスメントをして、リスクを低減しておくという未然防止の考え方です。

2・13　時代の変化とリスクの多様化

◉時代の変化とリスクの多様性

社会の安全を考えるとき、時代は変化することを頭に入れておく必要があります。時代が変化する、すなわち技術は確実に進歩し変わっていきます。人の価値観も変わります。そうすると社会の制度も変わり、安全の制度もまた変わります。これらの変化をもたらすのは、技術の変化の影響が大きいようです。

安全に関する価値観が変わるとは、どこまでやったら安全か、どういうものを安全と考えるかも変わってくるということです。転換期である現在、この変化について考えておくことが肝要です。

◉社会の変化と技術の変化

現時点で考えられる社会の変化と技術の変化には、どのようなものがあるでしょうか。我が国は昔から安全な国といわれていますが、社会の変化による最近の問題としては、一つにグローバル化が挙げられます。世界中のものが日本に入ってきて、日本のものが世界に出ていきます。国により価値観もルールも違うので、そのことによって大きなリスクが伴います。グローバル化によるメリットは大きいのですが、それに従って社会のニーズ、要望、希望なども変わってきて、社会構造そのものも変化するため、そこからまた新しいリスクが出てきます。前節で述べた新しい技術によるリスク、というのもあります。**新しい技術は社会を革新し、希望を持たせますが、もう一面ではリスクを伴います。**この二面性を考えながら対応する。そのためにも、社会の変化を適切に見極めなければなりません。

◉顕在化する新リスク

社会の変化が新しいリスクを作り出す例を図に示してみました。左上は、グローバル化によるリスクの一つであるサイレントチェンジです。例えば日本で製品を作るとき、その部品や半製品を海外に発注してそこで作らせます。その部品の材質を少し変えただけで、製品全体に大きな影響を及ぼすケースが出てきます。メーカが知らない間に、世界のどこかで部品や素材が変えられ、大きな事故につながる可能性もあります。知らない間に変えられてしまうというサイレントチェンジも、サプライチェーンのグローバル化の問題です。

少子高齢化に伴い、高齢者が労働災害にあう可能性が高まることも明らかです。もちろん身体的な問題もありますが、死亡災害が高齢者で多発するのは、社会構造の変化によるリスクであるともいえます。

ニーズが多様化すると、技術もどんどん発達します。リチウム電池のように技術が高度化すると、それだけエネルギーが高くなり、リスクが高まります。その結果、グローバル化により一か所でつくられたリチウム電池の不具合が世界の至るところで事故を起こすこと

顕在化する新リスク
グローバル化
知らぬ間に材料変更
サイレントチェンジ
ある企業のACアダプターのプラグが発熱して変形
少子高齢化
高年齢労働者
死亡災害多発
労働災害は、作業者の年齢が50歳を過ぎると急増。49歳以下と比べ、50～59歳は2倍以上、60歳以上は3倍以上
ニーズの多様化
開発期間短縮
不十分な検証
韓国サムスン社「Galaxy Note7」発火・爆発事故
ネットワーク化
工場サイバー攻撃
ロボットが凶器に
ネットワーク経由で悪意ある人間が工場をハッキング
技術の高度化
高度化技術
未消化
自動運転支援機能で走る米テスラ社のEVで死亡事故

になります。各所で事故を起こしてしまうと、企業の存続が危うくなることもあるでしょう。

図には、ロボットの例も記載しました。かつてはコントロール制御回路に外からウイルスが入っていたずらをしても情報改ざんで済んだものが、今ではロボットを操作してそばの人を事故に巻き込むこともあり得ます。セキュリティは安全問題にもつながる時代です。

ほかにも、工場やシステムなどへのサイバー攻撃があります。図の右下は自動車の自動運転です。自動車の無人運転が現実化しつつありますが、ネット経由でウイルスが自動車のコンピュータに侵入すると、自動運転も乗っ取られる可能性があります。こうした新しい技術に伴う新しいリスクを考えておかなければなりません。

2・14 安全の新しい時代

◉ものづくり視点からの第四次産業革命

ＩｏＴ、ＡＩ、クラウド技術、ビッグデータなど、新しい技術が生まれ、いま世界はＩＣＴの技術の発展で変わろうとしています。第四次産業革命とよくいわれますが、それに伴い安全も変わってきます。安全も新しい時代に入ったと考えるべきでしょう。

ものづくりの世界から、この世の中の変化を見てみましょう。現在、第四次産業革命といわれていますが、本来それは数十年後に今の時代を振り返って名付けるべきことです。ご存じのとおり、第一次産業革命は人間よりはるかに大きなパワーをもつ蒸気機関による産業形態の変化によって起きました。第二次産業革命は、電気のおかげです。電気のパワーにより大量生産が可能となり、電気制御も入ってきました。第三次産業革命がコンピュータ、電子と情報化による自動化です。そして今、ＩｏＴの時代で第四次産業革命といわれます。技術革新の裏には新しいリスクが発生し、このリスクにどのようなものがあるかを想像して、前もって予測し、手を打つ必要があります。そのまま進めていいのか、リスクが大きければ、リスクを削減できない限り技術を止めることも考えられます。法律で止めることもあるでしょう。事故が起きて被害者が出た後からでは、昔の四大公害[3]の例と同じようになりかねません。大きなリスクに対しては、立ち止まって考えるという選択肢もあるのではないでしょうか。

社会安全学のまとめ

●——安全確保における社会制度の役割分担

社会安全学では、社会の安全を確保するための様々な制度と、変化に対してどう対応するかを考えてきました。

我々は社会を構成する一員であり、我々自身の身をどう守るかも含めて、社会全体を安全にするために、それぞれステークホルダー、関係者全員が協調、協力して、役割分担を明確にする必要があります。自分の分担だけでなく、他者のことも意識しながら全体で安全を作っていかなければなりません。人間同士の交流がないと、安全な社会はできません。

安全を実現するには、人間の役割もあるし、技術の役割もありますが、もう一つ組織の役割、仕組みの役割があり、これが社会制度の役割でした。

これからの安全を作っていくためには、まず何のための安全かという安全の理念、安全の哲学を明確にします。安全は価値であり、文化です。安全の概念を明確にして、安全思想のもとに、製造メーカは技術的にリス

3　日本の高度経済成長期に発生した、被害の大きかった四つの公害。水俣病、新潟水俣病、イタイイタイ病、四日市ぜんそくをいう。

クの小さい、許容可能以下のリスクの製品を作って、安全を作り込みます。それでもいくらかのリスクは残りますから、高機能や高精度というプラスの情報とともに、残留リスクの情報も必ず開示します。いかにリスクを下げるかが企業、製造メーカの役割だとすると、ユーザはこの残留リスクを自覚して自分の身は自分で守る。気がついたことがあればフィードバックし、メーカや国に情報を伝えるという役割があります。

次に、国全体でいえば行政機関、企業でいえば安全管理的な部署ですが、トップも含めて組織をきちんと作って、運営している人や機関・部門は、安全が作られているか、安全にお客様に使ってもらっているかをしっかりと管理、監視、確認し、安全を保証します。これが制度的な役割で、徐々に大事になってきます。以上が社会安全学の基本です。

●──安全は社会全体で創るもの

安全の制度、法律、基準をどうやって皆で作り、守り、納得し、認めあうか。そしてできあがった社会制度を我々がきちんと知っていることが大切です。何のためにこんなことをしているのか。どうしてこういう制度があるのか。その中で我々はどういう役割があるのか。これからの安全は、社会の皆で一緒になって考え、創り上げなければなりません。

哲学や思想を含めた安全の文化を高いところに位置付けることは、我が国にとっても、世界にとっても重要ではないでしょうか。安全技術がどんどん発展していくとともに、安全を包括的に皆で協力して創るという安全学も、学問として確立し、大学、高校、その他で授業として学習していってほしい。

最後は、人間力、倫理観、道徳観が基本です。世の中には悪い人がいますが、その数をいかに減らすか、これは倫理観の問題です。我々がこれからやるべきことはたくさんあり、それぞれの役割があります。そのためには、安全の教育を適切に受けて皆が常識として納得し、皆で安全を創っていく。それを日本の安全文化にしたいと思います。安全の常識を広めて、誰もが知っているようにしよう。これが社会安全学の目的です。我々の最終目標は、日本のよさを活かして、世界で一番安全で安心して生活できる国にしたい。そんな国づくりの基本になればと願っています。

●――社会安全学の趣旨

安全学は、ある人にとっては常識であたり前ですが、全然興味がなかった人にとっては、そうだったのかと思いあたるところがあるかもしれません。過去には様々な事故があり、その経験をもとに、安全のための社会制度、ルール、常識、習慣ができています。これらを十分認識しながら、自分の役割は何かを考えることが大事です。そして時代や技術が変わるときに、どういう新しいリスクが出てくるのか、それに対してどう考え、どう対応するかも述べました。社会全体が安全は価値であることを自覚し、対価を払ってでも価値あるものを選び、それを尊重する安全の文化が日本に定着すればと考え、この社会安全学を構成しました。

安全学からすると、安全の技術をどう作るかという技術的側面、安全に対する感覚、習慣という人間的側面、そして組織的側面の大きく三つに分けていますが、社会安全学はその組織的側面を重視しています。そして経営者、管理者、消費者、技術者、国が、それぞれどう考えるべきかを説明

安全は社会全体で創るもの

―新しい安全の文化創造へ―

- 安全技術の発展
- **安全学（安全に関する総合的な学問）の確立**
- 技術者倫理の確立
- **企業トップの安全意識の向上・安全の価値を重視した経営**
- 消費者力の向上、メディアリテラシーの向上
- 安全のための社会制度の確立（税制･保険･認証･投資等の活用）
- **消費者、企業、行政等のステークホルダ全員が一緒になって安全を創る時代**
- 小・中・高・大学における安全教育
- 安全／保全技術者の育成と待遇改善
- 安全文化の向上
- **日本は、安全・安心を基本とした国づくりへ**

してきました。それぞれの立場から皆で協力し、お互い理解し、協調していきましょうと伝えることが、この社会安全学の趣旨でもあります。

第3章 経営安全学

本章の経営安全学では、安全学という非常に広い範囲に及ぶ学問の中で、経営者や企業のトップクラスがぜひ知っておいてほしい事項についてまとめます。具体的な詳細は省いて、概略的、包括的、理念的な内容が中心になります。経営者は自身の価値観で、様々なリスクを取捨選択する責任があるわけですが、そうした判断を下す際、少しでもヒントになればと思います。

3・1　経営の目的と安全

◉企業の真の目的

企業経営の本来の目的は、顧客のため、社員のため、社会のために貢献することです。こうした経営の目的について触れた後で、企業の目的と安全との関係について考えてみます。

企業の真の目的とは何でしょうか。利益・利潤拡大のため。あるいは経営者自ら本人のため。なかには株主のために会社はあるのだから株主のためと言われる方もいるでしょう。しかし本来の企業は、従業員のため、顧客のため、社会のためというのが正当な目的であると思います。いわゆる近江商人の「三方よし」の精神です。企業が利潤獲得のみを目指し、株主への利益還元を主な目的とする株主資本主義的ではなく、社会のため、関係者全員を幸せにするためという公益資本主義やステークホルダー資本主義的な考え方が、企業の本来あるべき姿ではないでしょうか。

企業のトップには崇高な理念を持って経営に臨んでいただきたい。それが結果的には、社会の幸せに貢献することになります。例えば地域社会のためとか、教育貢献のためというのも結構です。最近は、ＳＤＧｓに貢献することを目指す企業が増えています。事業を継続して、社会の中でその企業の存在意義が認められ、社会の皆からあの会社は信頼できる、社会に貢献していると思われること、それがやはり企業の本来の役割ではないでしょうか。

◉企業が実現すべきは三つの安全

企業のトップは少なくとも三つの安全を考えなければいけないと私は考えています。一つ目は、顧客の安全の確保です。場合によっては、製品安全といってもよいかもしれません。自分の会社で作ったり販売したりした製品で顧客がけがをしたら大変です。顧客の安全を確保するためには、前もって検討して安全なものを作る必要があります。これをリスクアセスメントといい、非常に重要な考え方です。

二つ目は、従業員の安全です。従業員が業務中にけがをしたり、病気になったりすれば、企業のトップとして職場環境の管理が至らなかったことになります。労働安全という分野で追究されている安全です。ここでも大事なのは、事前にリスクアセスメントを行って、労働災害を未然に防止することです。

三つ目は、企業が長く存続して社会に貢献し、社会から信頼されること。これを企業体の安全ともいいますが、これからお話しする経営安全です。リスクという面から見ると、経営者が多種多様なリスクをどう管理し、マネジメントするかです。経営安全のために、経営者はまずコンプライアンスをしっかりと身につけておかなければなりません。

企業が実現すべきは三つの安全

―安全経営―

- 顧客の安全：**製品安全**（リスクアセスメント）
- 従業員の安全：**労働安全**（リスクアセスメント）
- 企業体の安全：**経営安全**（リスクマネジメント、経営の持続性、社会への貢献、コンプライアンス、…）

3・2　企業経営にとってのリスク

◉企業経営を取り巻くリスク

企業経営にとってのリスクは様々です。経営のトップはいろいろなことを考慮しながら、それらのリスクに対応していきますが、リスクの中で最も関心を持たれるのは、財政や経営の健全性を脅かすリスクではないしょうか。しかし、顧客のことを考えると、作っている製品、サービス、販売している製品の品質に関するリスクも大切です。顧客が製品によってけがをした、製品が燃えて火事になったという場合、リコールをして製品を回収し、原因究明をし、コマーシャルを流して注意喚起のための広報などをしなければなりません。従業員の安全を脅かすリスク、労働安全の問題もあります。また、人間はミスをします。ミスが労働災害や製品安全、そして企業の財政問題につながる場合もあります。そうしたミスも企業を取り巻く大きなリスクの一つです。ものを作るのであれば、そのプロセスや生産ラインに異常が起きるなどのリスクを抱えています。最近では、情報システムのセキュリティに関するリスクも抱えています。そして、企業トップや従業員が従うべきコンプライアンスもリスクとなり得ます。法令を遵守し、顧客の要望に応え、時代の流れに応えるのがコンプライアンスであり、これに反することは大きなリスクです。また、どんどん変化する社会についていけなければ、それも一つのリスクです。コマーシャルやその他の面で、様々な噂や評判が立ったりします。よい印象であればよいのですが、悪い評判や風評被害、レピュテーション[4]、これらもリスクです。このように、企業はたくさんのリスクに囲まれているのです。

◉リスクマネジメントと危機管理

こうしたリスクにどう対応するかですが、前もって予測し、そのための体制を十分に整えて準備しておくことが重要です。その一つの考え方としてリスクアセスメントがあります。事前にどのようなリスクがあるかを予測し、その大きさを評価する、そして大きいリスクから対応していくという考え方です。現実の様々なリスクに対して、企業体としてどう管理していくか。リスクの評価は専門部署に任せるとしても、最後の判断は企業のトップの役割です。これらの一連の行動がリスクマネジメントであり、リスクアセスメントは、リスクマネジメントのための重要なツールです。

平常時と緊急時や異常時の対応は分けておくべきです。リスクアセスメントやリスクマネジメントは平常時のリスクの対応です。一方、緊急時・異常時のリスク管理は危機管理、英語ではクライシスマネジメントといわれるもので、これについても準備しておかなければなりません。危機が発生したときの対応の仕方を立案しておき、危機の発生時には、その立案に従って適正に対処します。こうした危機が生じることを日常的に予測し、常に訓練をしておくことが危機管理です。

このようなリスクマネジメントや危機管理は何のた

リスクマネジメントと危機管理

- **リスクアセスメント**：前もって各リスクの存在を予測してその大きさを評価しておく
- **リスクマネジメント**：リスクの大きさに応じて，トップの価値判断に基づき、リスクの削除、回避、防護、軽減、制御、転嫁等の手段を講じておく
- **危機管理**（**クライシスマネジメント**）：危害が発生したときの対応方法を立案しておき、実際に起きたときにそれに従って対処をすること。通常時と緊急時とは分けて対応する必要がある
- **BCP**（Business Continuity Plan：**事業継続計画**）：自然災害やテロ攻撃などの緊急事態に遭遇した際に、中核となる事業の継続あるいは早期復旧を可能とするための方法や手段などを取り決めておく

4 企業の評価のことで、ここでは企業の評価を落とすようなレピュテーションリスクのことをいっている。

めに行うのか。それは、ＢＣＰ（Business Continuity Plan）といわれる事業の継続計画のために行います。どのような緊急事態が生じても、適切に事業を継続できるよう前もって考えておき、危機が起きた後すぐに取りかかって、被害を小さくします。**ＢＣＰ（事業継続計画）を念頭に、それに従う形でのリスクアセスメント、リスクマネジメント、そしてクライシスマネジメントといった仕組みを考えて、制度として前もって策定しておくことが大事です。**

3・3　安全・安心に向かう時代の風潮

◉ＣＳＲ、ＥＳＧ、コンプライアンス重視の時代

社会や時代の潮流を見ていると、安全・安心に向かっているようです。今の社会はＣＳＲ、ＥＳＧ、コンプライアンスを重視する時代だといいます。ＣＳＲ（Corporate Social Responsibility）は企業の社会的責任と訳されていますが、自分の企業で雇っている人たちや顧客だけでなく、地球全体の様々なステークホルダーに対して適正に配慮した経営をすることが、社会に対する企業の責任であるとする考え方です。今やどこの会社でも対応していると思います。

また、最近はＥＳＧ経営あるいはＥＳＧ投資という言葉がよく聞かれますが、これはエンバイロンメント（環境）のＥ、ソーシャル（社会）のＳ、そして企業統治を意味するガバナンスのＧの三つの言葉の頭文字を取ったものです。様々な分野への企業の適切な対応を示しており、これが企業の長期的な成長の原動力となります。様々な分野への対応とは、例えば、企業内部において行う調整やガバナンスのことだけでなく、環境や社会全体をも考えてバランスを保ちながら企業を経営していくことで、最終的にその企業が持続的に社会の中で位置付けられ、役に立つ存在になるという意味です。これが、地球規模の未解決問題を解決しよ

うとするSDGsへの貢献につながります。

今、ESGの視点から企業を評価する動きが出てきており、ESG経営、SDGs投資という見方が主流になりつつあります。企業のトップにはそれだけの責任があり、コンプライアンス重視がより重要になってきている現れでしょう。コンプライアンスは通常、法令遵守と訳されますが、法令、法律を守るのは最低限であたり前です。ここでいうコンプライアンスには、社会の動き、顧客の要望に対して適切に対応する、求められたらきちんと説明を果たし、理解してもらう努力をすることまでを含みます。

◉安全・安心を重視する社会の動向

コンプライアンスが重視されてきたことなどを見ると、社会が安全・安心を重視する方向に動き出したとも考えられます。我が国は特に、その方向へ動き出しているようです。終戦直後は、製品を大量に安く作って世界中に輸出し、日本の位置付けを明確にすることを目的とした、量やコスト競争の時代でした。これにより物が豊かに市場に流通し、人々は幸せになりました。その後、新興国に低価格・大量生産で負けだして

CSR、ESG、コンプライアンス重視の時代

- **CSR**（Corporate Social Responsibility：**企業の社会的責任**）：顧客、従業員の人権、地球環境、地域社会など、多くのステークホルダーに配慮した経営
- **ESG**（Environmental、Social、Governance：**環境・社会・企業統治**）：それぞれの分野への適切な対応が会社の長期的成長の原動力となり、最終的には持続可能な社会の形成に役立つ　⇒　ESG 経営、ESG 投資
- **コンプライアンスの重視**：法令遵守は最低限であり、社会や顧客の要請に対して適切な対応と説明を行う

からは、日本は品質で勝負するといって、新しい機能を加えて品質・機能競争に方針を転換しました。最近ではさらに、環境技術で地球に貢献する方向へと向かっています。そのためにCO_2削減や省エネルギーなどの面で貢献しつつあります。

しかし、現在はさらにその先、すなわち安全・安心・健康・ウェルビーイング（幸福）の競争を目指す時代に向かいつつあります。日本も含めた先進国の顧客は、量でもコストでも機能でもない、心地よい安全・安心・健康・ウェルビーイングを求めているのです。

◉世界の中の日本の役割

ものづくりやサービスの世界での日本の役割は何でしょうか。世界の中で日本の独自性を発揮するとしたら、安全・安心ではないでしょうか。昔から日本は安全・安心な国といわれており、これこそ日本の最も大事な特徴だと思います。安心という概念は日本独特ともいわれますが、ウェルビーイングにもつながり、世界に通じる重要な考え方です。日本の顧客は、世界の中でも安全・安心・健康については非常に感覚の優れた目の肥えた人が多いので、これにきちんと応えていくことが、日本企業が世界に貢献する次の目標となるのではないでしょうか。

3・4　企業トップの安全の役割

◉企業トップの責任

新しい時代の中で企業はどうあるべきか。特に、今日の企業のトップはどうあるべきかを安全の面から考えてみましょう。

トップが率先して現場とともに安全確保の体制を作り、自分から全体を引っ張っていく、これがトップのコミットメント（責任を伴った積極的な関与）です。これがない限り、企業全体は安全になりません。やるべきことを明確化し、明言する、そして体制をきちんと整え、仕組みを作って実行します。人、モノ、お金をつけて、ＰＤＣＡを回しながら、常に改善していきます。

いったん顧客の信用を失うと、企業は社会的信用をも失います。そうなれば、企業の永続的な存続、社会への貢献は見込めません。企業は、コンプライアンス上の事故、製品安全の事故、労働災害などにおける大きな事故だけは起こしてはなりません。そのために、リスクアセスメントに基づく未然防止が重要なのです。リスクはあらゆるところに存在します。全部のリスクに対応するのは無理ですから、大きなリスクから優先的に対応する。それでも、小さいものを含めて事故は常に起こり得ます。事故は避けられないと考え、事故が起きたらどうするかの体制を前もって整えておく。実際に事故が起きた場合、例えば製品安全では、製品の出荷を止める、事故の事実を公表して顧客に知らせる、回収するなどの決断が必要になります。この決断はトップにしかできないものです。これこそが、企業トップのリスクマネジメントです。ここで強調したいのは、原則として、現場や専門家の意見、科学的根拠やデータなどを尊重しながら、最終的には自らの価値観を踏まえて決断するのが、企業のトップの役割であることです。世界を震撼させている新型コロナ感染症拡大のような局面では、この原則の重要性がよくわかります。

◉企業トップの心得

企業のトップの心得を考えてみます。企業は永続的に存続し、社会から尊敬される存在であるべきと言いました。企業が、地域や社会に貢献するために何が必要かというと、トップが率先して安全を言い出すことです。トップが動いて、中間の管理職も動いて、現場も一緒に動くことが大事です。ただ現実的によくあるのは、現場がこれは危ないのでやめましょうと言っても、トップがその意見を無視して、その危ないやり方を強引に継続させることであったりします。これは悲しい。本来は企業のトップと現場とが一緒になって安全を重視する行動をとるべきです。よいとはいえない情報でも、開示することをトップが決断するのは非常に大事です。

繰り返しますが、企業のトップの心得として、まず安全・安心のための体制を適正に整備する、そこに人、モノ、お金をきちんとつける、情報を重視しPDCAを回し常に改善する、これを続けていくことです。さらにトップの指導のもとで、トップダウンとボトムアップの両方を融合することが、安全にとっては有効です。企業のトップはこのような心得を持ち、安全・安心に取り組んでいただきたいと思います。

3・5 企業トップとしての安全の理念

◉企業トップの安全への想い

企業のトップは、どういう安全の理念を示して、コミットメントすべきか。具体的には各企業の特徴や製品、サービス、事業内容によって変わってきます。

企業トップの心得

—持続的に存続していくために—

- トップが率先して安全を言い出す：トップが動かなければ、下は動けない
- 「止める」「公表する」などの決断はトップにしかできない
- 安全・安心のための体制を整備する：人、モノ、金を付け、情報を重視する
- トップの指導のもとで、管理職と現場とを一体化させる（トップダウンとボトムアップの融合）

図は、ある企業のトップの安全への想い、企業の安全の理念です。有名なのは、「安全第一、品質第二、生産第三」です。米国のUSスチールの社長が、事故で亡くなった従業員の奥さんにお詫びに行ったときに生まれた言葉です。企業は儲けないとならないので、利益・利潤は大事です。しかし、生産は第三である。その前に、顧客に迷惑をかけたり、品質に問題が起きたりしたときは、利潤が飛んでも構わないので品質、信頼問題に対応せよ。これが、品質第二です。利潤よりも品質をよくして顧客の信頼を勝ち得ようということです。そして、一番大事なのは従業員であり、家族を悲しませる、取り返しがつかない死亡事故を起こしてはいけない。会社としては、1、2年に一人起きる死亡事故はあり得ることで、仕方がないと考えるかもしれない。しかし、家庭において家族が一人亡くなるのは致命的な事柄です。その不幸の大きさを考えると、生産を止めても、品質がだめになっても、安全を優先して第一にするべきである。日本では安全第一だけが取り上げられますが、三つそろってはじめて一つの標語といえます。USスチールの社長は、机の上に安全第一、品質第二、生産第三の言葉を置いて、日々に決

企業トップの安全への想い

- 安全第一、品質第二、生産第三
- 安全なくして生産なし
- Safety before schedule
- 安全は全てに優先する

⋮

- 人命を犠牲にしてまでも、遂行しなければならない業務は存在しない

断するときの順序、価値の順番としていました。

「安全なくして生産なし」は本田技研工業の創業者である本田宗一郎の言葉です。本来の意味は、まず安全な製品を作ることでした。人がけがをするような、安全ではない製品を作ったり売ったりしてはいけないという、製品安全の話から来ていたようです。しかし一方で、従業員にとって安全な職場にする、安全な生産ラインを作ってはじめて従業員にものを作ってもらえる、安全な職場を作らない限り生産してはいけないという、労働安全の意味で使っている企業のトップも多くいます。本田宗一郎は、この言葉に両方の意味を込めていたのかもしれません。

三番目の「Safety before schedule」はカンタスという航空機会社の話です。もし安全に問題がある場合は、顧客に迷惑をかけてもいい、飛行予定が乱れても構わないから、安全を第一に考え、問題のある飛行機はいったん止める。金儲けや運用よりも安全を優先するという意味です。この言葉には、(事故で亡くなって) 永久に着かないよりも遅れて着いたほうがいい、という副題がついています。

安全が全てに優先することを理念とするトップは多くいます。「人命を犠牲にしてまで遂行しなければならない業務は存在しない」と語った会社のトップもいました。人命を大事にする、取り返しのつかない事故を起こさない、そうした事態が起きそうな場合は業務を止めてもよい、ということです。

◉トップのやるべき仕事

トップのやるべき仕事を考えてみます。まず、トップが企業理念として安全の重要性を社内にも外にも発信すること。そして、人、モノ、お金をつけて、PDCAを適切に回しながら改善し、常に安全度を上げていくことです。また、安全の中核を担う人材を確保すること。安全を一生懸命守っている人、安全に貢献している人に対し、きちんとしたポジションを与え、待遇をよくすること。裏方として安全を保ちながら製品を作ったり、安全な製品を顧客に販売している人が企業内にはたくさんいるはずで、その人たちを高く評価してほしい。例えば、将来役員に登用できる人とか安全をよく知っている人を安全担当に採用するなどです。

◉安全確保のための基本的方法

安全確保のための基本的な方法は、世界的に合意の取れた安全の国際標準があるので、できる限り国際標準に則り、トップのリーダーシップのもとで安全確保を行うことです。技術的側面でいうと、前もってリスクアセスメントをしっかりと実行することです。組織的側面では、労働安全の場合、労働安全衛生マネジメントシステム（3・15「労働安全衛生マネジメントシステム」参照）があるので、これをぜひ採用すべきです。また、安全を支える人材の育成もあります。安全についての教育を積極的に行い、安全の資格制度を導入する。教育の中には危険体感をさせるものや、安全の倫理教育など、多種に及びます。

なお、企業のトップが留意すべきことは、人間が注意して安全を守るという前に、機械設備側をまず安全化して、残ったリスクをきちんと開示することです。利用者や作業者にリスクを知ってもらってからはじめて、人間が注意するという順番を忘れてはなりません。

3・6 企業の競争力は安全にあり

◉安全が企業経営の大きな柱になりつつある

企業の競争力にはいろいろありますが、私は安全にあると考えます。リスクマネジメントにおけるリスクの管理の中には、金融に関するリスク、経営に直接及ぼすリスク、品質、環境、労働安全のリスクなど、様々です。組織全体の視点から、総合的・統一的に対応するとき、何を大事な価値観とするか。それは安全ではないでしょうか。安全を最も重要な価値とする時代が来ていないか。なぜなら、安全を重視している企

業は、社会から信頼されると企業として伸び、利潤を上げます。安全が競争力を作る源であるからです。今後、安全が企業経営の大きな柱となることは間違いでしょう。

◉企業の存続と安全

企業が存続するためにも、安全の力は大事です。安全に対するお金や人材、情報は、長期的に考えれば必ず採算が取れます。安全に対して経営資源を投入することは非常に重要です。「企業の競争力は安全にあり」とはまさしくこの意味です。数百年も続いている企業を眺めていると、継続できている理由に、安全の重視があります。今後さらに、安全に積極的に取り組む企業は生き残り、発展する。例えば、自動車業界では自動運転の新しい車が走り始めました。この支援運転の技術は、安全を重視する結果生まれた発想です。安全重視の発想を持つ企業が社会に貢献し、発展して、夢のある社会を導くのです。

◉大きな事故だけは避ける

死亡事故や、従業員が重傷を負うような取り返しの

安全が企業経営の大きな柱になりつつある

- **リスクマネジメント**（金融、経営、品質、環境、安全等の各種のリスクに組織経営の全体的視点から総合的、統一的に対応する）において安全の価値を最も重視する時代
- **安全は利潤を生み、競争力の源泉である**
- 今後、安全が、企業経営の大きな柱になる

つかない事故、あるいは、企業がコンプライアンス違反に相当することを隠したり、ごまかしたりといった違反をすると、その企業の存続は危ぶまれます。大事なのは未然防止です。リスクアセスメントに従って大きなリスクを常に見いだし、発見し、それに対処していくことです。

事故が起きたときに原因を究明して再発防止することも重要ですが、これからは未然防止のほうがはるかに大事です。企業のトップが率先してリスクアセスメント、リスクマネジメントを行い、実質的に安全が担保される組織でなければなりません。現実には、いろいろなシステムを導入しても、形ばかりで実行性が伴わない企業があります。そんな状態で、うちはきちんとシステムを入れていますと言っても意味がない。実質的にそれを働かせて大きな事故を起こさないようにすれば、社会の信頼にもつながります。そのために、安全をいかに重視し、価値として企業の中に具現化していくかなのです。

3・7　安全は価値だ

◉安全は天から降ってこない

昔から「日本人は水と安全はタダだと思っている」などといわれますが、安全は実は価値です。安全はおまけだ、と考えている人がいます。品質やデザイン、機能は重視するが、安全はあたり前。おまけと考えて、そんなものにお金は払わないというのですが、根本的に間違っています。

「安全は天から降ってこない」と書きましたが、安全は自然にできあがるものではありません。おまけでもタダでもなく、お金を払うに値するもの、安全は価値なのです。ベネフィット、楽しいこと、うれしいこと、面白いことを求めると、それに伴ってリスクがついてきます。安全とは、そのリスクを覚悟のうえで、自分で主体的に取り組んで獲得するものです。危険の中に自分から安全を作り上げる努力をして、楽しいものを取る、利益を得る、面白い仕事をする。機能や性能、デザインに価値があるのと同様、安全であることにもお金を払うに値する価値が十分にあるのです。

●安全であることを高く評価しよう

社会の中で、安全は誰かが一生懸命に作り上げています。その安全に対して、正当にお金を払おうではありませんか。「安全は価値である」、この言葉は、安全は誰かが作っているという事実を我々が明確に認識し、安全を確保し実現する努力をしている人に対して感謝し、高く評価し、必要ならばきちんと対価を払うことを意味します。そして、安全を重視する企業・会社も、信頼できるという意味で高く評価する姿勢が重要です。そうした信頼できる会社、安全を一生懸命やっている会社の製品やサービスは、少し高くても当然で、喜んで買うという精神が、社会全体をよくしていくことになり、よい企業を伸ばすことにつながります。反対に、不安全な製品を作っている企業は、市場から消えていく文化を作ることです。安全にしていくと、それが価値になり、その価値を認めたら買うということで安全が利潤を生む、そういう好循環が生まれます。安全で

安全は天から降ってこない

- 安全はおまけではない
- 安全をタダだと考えている人はもういない
- 安全は、ベネフィットを求めてリスクを覚悟し、主体的に取り組むものである
- 危険の中に自ら安全を創り上げていくものである
- 安全であることは、機能、性能、デザインなどと同様の、あるいはそれ以上の価値がある

あることを一つのブランドとして、皆で上向きの安全競争をすることにより、社会全体が安全になっていくことを目指したい。それを我々の社会の誇りに思えるような文化を作っていきたい。そのためにも、安全を重視する企業を支援する制度を、積極的に作っていく必要があります。いろいろな方法があるかと思いますが、公的な社会制度としても、企業安全を重視するシステムを作れればと思います。安全を評価する文化を作ろうというのはそういう意味です。

◉安全が価値であることの例

安全が価値であることの例を二つ挙げます。身近な例には、自動運転支援と呼ばれる装置のある自動車があります。ぶつかりそうになったら止まる、ラインをはみ出しそうになったら検知して元に戻す、運転手が居眠りしたら音声やシグナルで注意する、運転手が意識を失ってしまった場合は、左側によせて止まるなどは、自動運転の安全技術です。最初に積極的に開発して社会に出した車は、ある意味で画期的でした。それまでの自動車の安全は、自動車側が自分で判断して安全機能を実行してはいませんでした。人間が安全機能を発揮していたのです。しかし、運転者は人間ですからミスすることもある。それに対して自動車側で安全にするために開発した技術がこの車です。安全を価値として認めて、企業として成績を上げています。この技術は今では広く用いられ、すでに常識となりつつあります。

逆に、安全の価値を低く見ていたために大きな事故になった例があります。某社のエレベータ事故です（巻末「事故に学ぶ」参照）。エレベータの安全は、保守点検で保っている面があります。これに対して費用を安くする観点から保守点検会社を選び、これが結局は保守点検の不備を招くことになって、大きな事故に結びつきました。

安全を保っている仕事に対して相応の対価を払い、その価値を認めることを忘れてしまって、今は安全だから放っておいても安全は保たれると思い込み、人やお金を削減する。これは自ら将来の大きな事故を準備してしまっているといえないでしょうか。

3・8　安全投資

◉安全はコストではなく投資

安全はコストではなく投資です。これは経営のトップにとって非常に重要なメッセージであり、また事実でもあります。長期的に考えれば、安全を保つことは必ず採算が取れ、支払った費用以上の報酬があります。安全に払うお金や安全を支える人材を育てることは、長期的な投資です。短期的に考えるから、安全の費用をコストだと思い、削りたくなるのです。

企業として長期にわたって存続しながら社会に貢献するためには先行投資が大事で、そこに安全と人材育成をあてれば、将来的に必ずその効果が表れてきます。安全を大事にするという理念をトップが掲げて、その理念のもとに、長期的に時代の変化に対応していくことが、企業の持続可能性を保証する経営となります。安全については投資として、長期的に判断し、お金を使い、人を育てるべきであることを提案します。

安全はコストではなく投資

- **安全は、長期的に考えると必ず採算が取れる**
- 短期的に考えるからコストになる
- コストと考えて安全への人、金を削ることは、大きな事故発生の準備をしていることになる
- （時間的な）局所最適化は大局的最適化にならない
- 持続可能な経営とは、理念を維持して変化に対応すること　⇒　伝統

◉安全装置・安全設備は標準装備で

ものづくりの現場では、人間の注意の前に、施設・設備を安全化する、これが鉄則です。安全装置はきちんと付け、それは標準装備だと考えます。ところが日本の企業の中には、施設・設備を入れてみて、事故が多いとわかってから後で安全装置を付けることがあります。安全装置をオプションとして後で付けると、結局は費用が高くつきます。はじめから安全装置が組み込まれているのが標準のはずです。最初の費用は高いかもしれませんが、長い目で見ると稼働率も上がり、安全も実現し、結果的に採算が取れるのです。安全装置、安全設備は標準として組み込まれているものを購入し、メーカもそういうものをあらかじめ作ることが大事です。ドイツなどはまさしくそういう発想で、安全施設、安全設備は標準で最初から付いています。このことは、ドイツのほうが日本より重篤災害数が少なく、生産性が高いという差として現れ、ものづくりにおけるドイツと日本の大きな違いになっています。標準装備として安全装置を付けておくことは、長期的に見れば効率的・効果的で安く済みます。これは企業のトップとして心得ておくべきでしょう。

安全にかける費用に比べたら、事故が起きたときの後始末や再スタート、失ったブランドのイメージ復活などにかかる費用は莫大です。事故が起きる前に安全にかける費用は、事故が起きたときに支払う金額に比べて微々たるもので済みます。福島の原発事故がその典型であり、顛末を見れば明らかでしょう。

3・9　安全の費用対効果

◉安全にかける費用の効果

安全にかけた費用と、費用をかけたことで安全が維持されることにより得られる効果をお金に換算してみて、どのくらい費用対効果があるのかを調べたアンケート調査があります。次ページの表は、日本とヨー

安全にかける費用の効果

安全の費用対効果に関する日欧の調査をひもとくと…

日本　推定費用対効果比　**1：2.7**

安全にかかわる費用（万円）		安全対策にかかわる効果（万円）	
安全対策の費用	19,286	安全対策にかかわる主要効果（災害防止・回避）	58,067
災害の発生にかかわる諸費用	6,368	安全対策にかかわる副次的効果（生産性向上など）	11,273
合　計	25,654	合　計	69,340

出典　中央労働災害防止協会（2000）：安全対策の費用対効果―企業の安全対策費の現状とその効果の分析―[9)]

欧州　推定費用対効果比　**1：2.2**

Occupational safety and health costs per employee per year (in EUR)		Occupational safety and health benefits per employee per year (in EUR)	
Personal protective equipment	168	Cost savings through prevention of disruptions	566
Guidance on safety technology and company medical support	278	Cost savings through prevention of wastage and reduction of time spent for catching up after disruptions	414
Specific prevention training measures	141	Added value generated by increased employee motivation and satisfaction	632
Preventive medical check-ups	58	Added value generated by sustained focus on quality and better quality of products	441
Organizational costs	293	Added value generated by product innovations	254
Investment costs	274	Added value generated by better corporate image	632
Start-up costs	123		
Total costs	1,334	Total benefit	2,940

出典　The International Social Security Association (ISSA) (2012): Calculating the International Return on Prevention for Companies: Costs and Benefits of Investments in Occupational Safety and Health [10)]

安全の費用対効果は **2 倍超**

ロッパにおけるアンケート調査の結果です。これを見ると、安全の費用対効果は約2倍以上あることがわかります。安全に支払っているお金よりも、企業としての利潤が上回り、その比が1：2・7ということです。これは日本の中央労働災害防止協会（中災防）がアンケートした結果によっています。下の表はヨーロッパの例で、同様な費用対効果を計算してみたところ1：2・2という報告が出ています。両者の結果を考えると、安全のために支払ったお金に対して利益が2倍以上あることになります。これが、安全は投資だという一つの明らかな例です。これらは、事故が発生していない状態でのデータです。事故が起きたらとんでもないことになります。各企業でそれぞれ試算をしてみると、安全にかける費用と安全であることによって得られる利益が、具体的に理解できるでしょう。

3・10　安全性と生産性

◉生産装置安全化後の効果の例

安全性と生産性は昔から相反するといわれてきました。安全にすると生産性が落ち、生産性を上げると安全性が落ちてくる、というわけです。しかし、これは明らかに間違いです。安全性と生産性は両立します。最初から安全を配慮した設計にしておけば、生産性も上がります。

ここでは二例を紹介します。最初はあるガラス会社の例です。その会社では、最初は不具合があると直接手を出して修正しながら、機械を止めないように生産をしてきました。本来はいけないことですが、生産を止めないことを優先してしまって、安全装置を少し緩くして生産を続けていた。実際には、「ちょこっと」手を出して止まってしまう「チョコ停」が頻発していました。これは完全に本来と逆の考え方です。

対策として、まず装置を安全化し、手を出すと停まってしまうようにしました。「チョコ停」の回数と生産したガラスの枚数の関係を見てみると、対策直後は以前のように間違えて手を出すので、安全装置のために何度も止まってしまい、生産性は上がりませんでした。しかし、だんだん慣れてくると、安全装置が止まらないように人間のほうが注意をし始めて、手を出さなくなる。時間とともに「チョコ停」は減り、生産性はどんどん上がって目標に近づきました。これは安全性と生産性が両立している例です。大事なのは、安全装置を付けて、何かあった場合は止まってしまう構造にしたことです。人間のほうが手を出さないように配慮した結果、生産性が上がる形になっていきました。

◉安全確認型システム導入の例

次は化学薬品製造業で、安全確認型の考え方に基づく安全装置を導入した例です。図のように、途中から安全確認型、つまりちょっと手を出したら止まってしまう構造にしたら、途端に生産性が落ちました。安全装置のために機械は頻繁に止まります。ところが今度は人間のほうが止まらないよう配慮したので、機械設備は徐々に止まらなくなり、稼働率も徐々に上がって、最終的には従来よりも生産性が上がりました。前述の

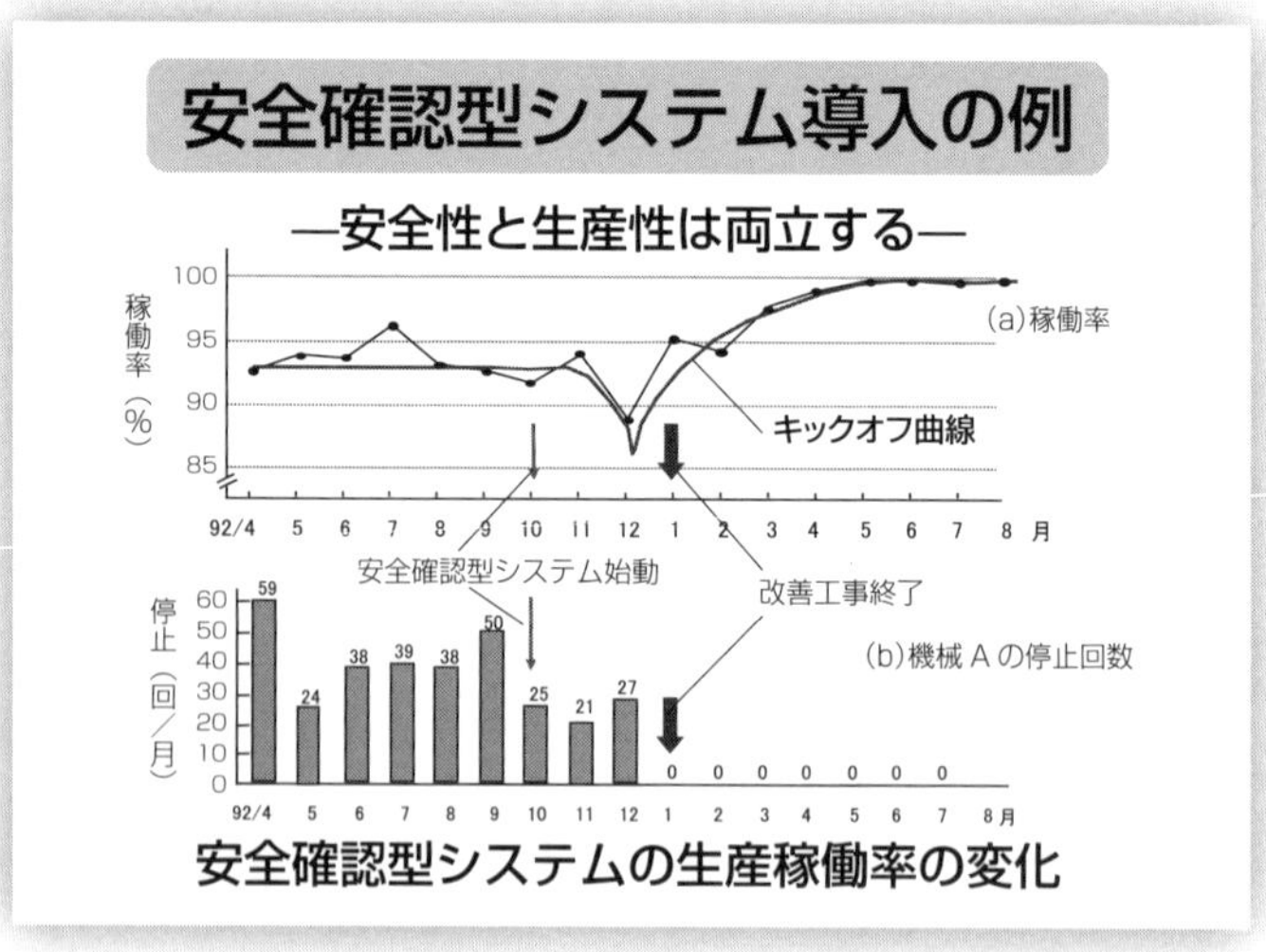

出典　杉本旭(2016)：明治大学リバティアカデミー米国 UL 寄付講座「製品と機械のリスクアセスメント」資料[11)]

例と同じです。

このように、新しい安全設備を導入すると生産性はいったん急激に落ちますが、またすぐ上がります。こうした動きをキックオフ曲線といいます。人間のほうは手を出さず、近づくこともなく済みますから、事故は減っています。安全施設・設備を導入することによって、実は生産性が上がる、すなわち安全性と生産性は両立することになります。最初からこのように作っておけば両者は両立するのです。

3・11 ALARPの原則

◉ALARPの原則

安全はどこまで対策をすればよいものでしょうか。絶対安全がない以上、リスクはゼロとならず、どこかで安全対策の追究を止めることになります。どこまでいけば安全といえるかについて、いくつか指導原理がありますが、その一つがＡＬＡＲＰ（アラープ）の原則です。ＡＬＡＲＰはイギリスの原子力関係から来た言葉と思われますが、As Low As Reasonably Practicable、できる限り実行可能な範囲でリスクを小さくするという概念です。

ＡＬＡＲＰの原則の図を次ページに示しました。下に行くにつれてリスクは小さく、上に行けばリスクが大きくなります。安全の定義は、許容可能でないリスクがないことなので、あまりに大きいリスクは安全ではありません。図中には２本の平行線があり、上の線より上が許容できないリスクの領域で、特殊な場合を除いては認められないリスクです。許容可能リスクのラインの下になければ、発売も製造もできないことになります。下の線はアクセプタブル（acceptable）といわれ、これより下が広く受け入れられるリスク、それ以上低減する必要のないリスクレベルです。この２本の中間をＡＬＡＲＰの領域といい、現実にできる限りリスクを小さくすべき領域です。

どこまでやったらよいかの原則は、「これ以上のリスクの低減は実際的でない」という限界までです。これ以上やってももう技術的にリスクは下がらない、これ以上リスクを小さくすると機能がなくなってしまう、リスク低減にかける費用が得られる改善に全く釣り合わない（いくらお金をかけてもこれ以上リスクが下がらない）。そのときにはリスク低減を止めてもよい。要するに、許容可能なリスクを上から下に越えていって、しかもある原則に従って、そこまでやれば安全としてよいとなるわけです。ここまで我々はやりましたということを文書化しておき、残ったリスクは残留リスクとして開示する。こういう考え方をALARPの原則といいます。

◉安全目標の考え方

最近、日本学術会議で私たちのグループが提出した安全目標の考え方を紹介します。基本的にはALARPと同じです。図の最上部「許されない領域」は、リスクが大きいので認められない、許容されない、発売してはいけません。この境界を基準値Aと

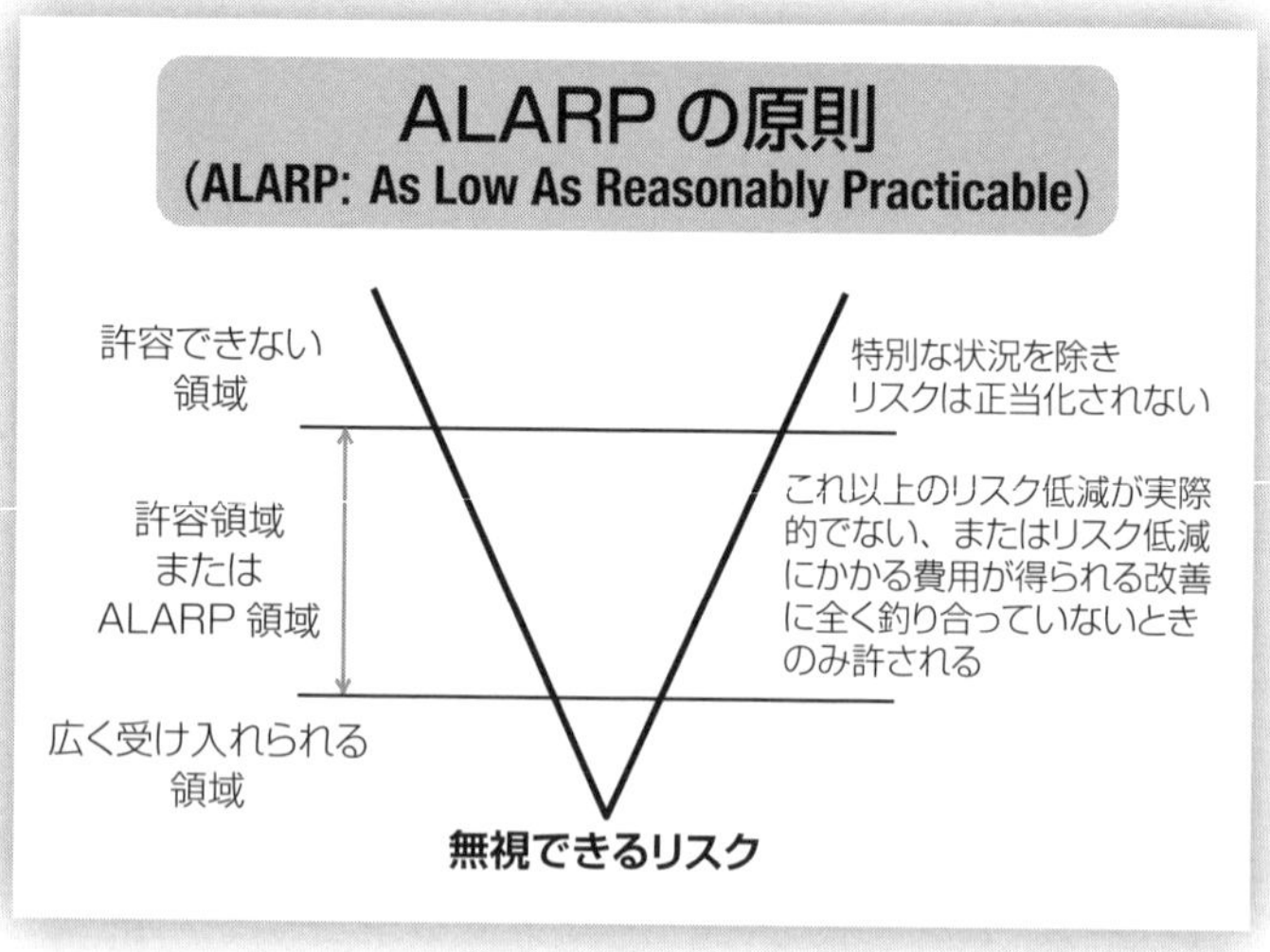
ALARPの原則
(ALARP: As Low As Reasonably Practicable)
許容できない領域
特別な状況を除きリスクは正当化されない
許容領域またはALARP領域
これ以上のリスク低減が実際的でない、またはリスク低減にかかる費用が得られる改善に全く釣り合っていないときのみ許される
広く受け入れられる領域
無視できるリスク

しますが、この基準値Ａを下に越えなければいけません。普通の法律などでは最低基準を規制値としますから、この基準値Ａを示しています。下のラインの基準値Ｂは、広く受け入れられるリスクの境界、ここに向かって一生懸命努力しようという境界です。ここに達したなら無条件に受け入れるものと考えます。

リスク低減をどこで止めるのか、どれくらいコストがかかるのか、どのくらいリスクが残っているのか、この製品・サービスはどのくらいメリットがあるのか。これらを見比べ、バランスをとってリスクレベルを決めるのが安全目標の考え方で、基本的にＡＬＡＲＰの原則と同じです。

皆さんが企業でいろいろな製品を作って、どこまでやれば安全かを決めるとき、法律があるのでそれを満たせばＯＫとするのは間違っています。それを満たしたうえで、いかにリスクを小さくしていくか。どこで止めるかは、ＡＬＡＲＰの原則で考えてみてください。

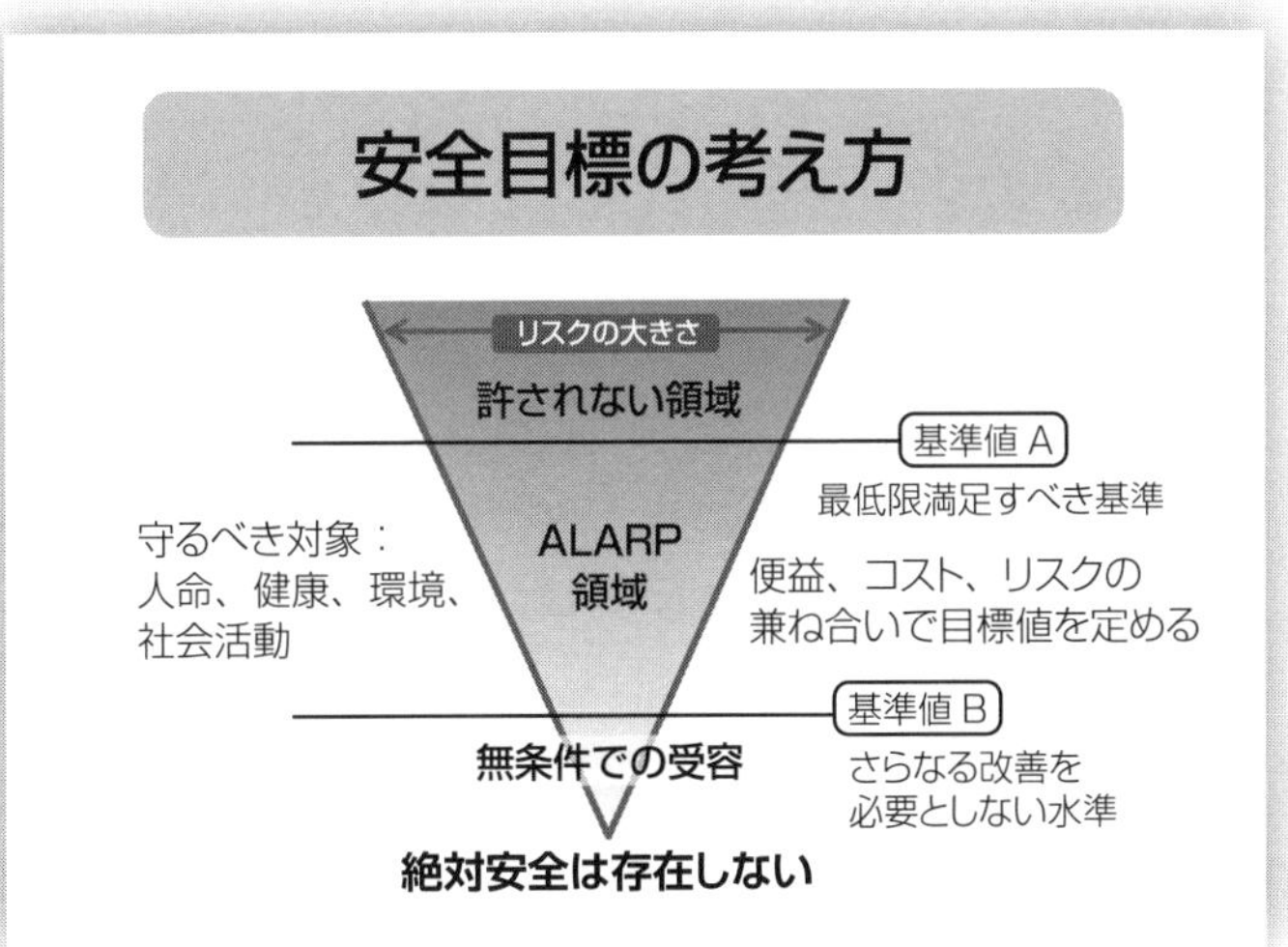

3・12 ヒューマンエラーと教育

◉ヒューマンエラーの本質

安全において最も心配なのは人間のミス、ヒューマンエラーです。ヒューマンエラーのために製品の事故や、コンプライアンス上での、また情報伝達での問題が起きたりします。このヒューマンエラーについてはどのように考えればよいでしょうか。

人間は過ちを犯す、間違える、これが大前提です。間違えるのは人間の特性といってもよく、避けることはできません。機械設備側が故障したりして間違える確率と、人間が間違える確率を比較すると、人が間違える確率のほうが桁違いに大きく、100倍ぐらい違うと思われます。そう考えると、**施設設備側をまず安全化する、技術で安全にして、残留リスクをきちんと開示し、利用者がそのリスクを自覚して安全を確保するという順番が大切です。**

事故が起こったときに、原因はヒューマンエラーだとして一件落着とすることがよくありますが、根本的に間違っています。人間のミスは、事故の原因ではな

ヒューマンエラーの本質

- 人間は、誤りをするものである。エラーは人間の特性の一つである
- その誤りは減らし得るがゼロにはできない
- 基本的には、人間の注意による安全確保の前に、機械設備の安全化が先
- 事故の原因を人間のミスにして終わりとする例が多いが、本当は、人間のミスは原因ではなく結果である
- なぜ、人間がミスをしたかの背景、特に、組織的な背景、環境的な背景、人間関係や心理・生理・健康的な背景にも、配慮すべきである

く、ミスそのものが結果なのです。人間のミスの背景には原因があり、その結果としてミスが起こると考えるべきです。人間がミスすることは頻繁に起きますが、どうして起きるのかは、その背景に組織的な問題があったり、働いている環境、もしくは個人的な人間関係（例えば、上司との関係）、体調、心理的な健康など様々な原因があるはずです。そうした背景を明らかにしていかないと、同じような事故はなかなか減りません。

◉ヒューマンエラー防止策

ヒューマンエラーの防止策にはいろいろありますが、その一つに、機械設備側で構造的に設計する防止策があり、その代表的なものがフールプルーフ［4・5（4）「フールプルーフ」参照］です。人間が間違いにくいように、また、間違えられないように機械側で設計する防止策です。

もう一つの防止策は、人間が焦ったり、うっかりしたりするという特性を排除する手順の設定、チェックする機構の導入という、制度、仕組みによるものです。

さらに、人間的側面として教育も重要です。教育においては、管理する側と管理される側では責任感の違い、リスク感覚の違いがあることに注意しなければなりません。さらに、人間と与えられたルール・規則とのミスマッチングを防ぐ必要もあります。大きな事故だと、よく人間のせいにして終わりになってしまいますが、それは間違いです。人間が間違えて事故が起きた場合、責任追及よりも、なぜ間違えたのかを聞く。誤りは許し、原因を究明して、安全確保のシステムを改善していくほうが生産的です。人が原因と思われていたミスが、実はハードウェア側に問題があり、組織側の問題もあったということがよくあります。責任追及よりも原因究明が大事です。

◉教育・訓練によるエラー防止

教育によるヒューマンエラーの防止はある程度可能です。人間もリスクを少なくする努力をしなければなりません。そのために教育は必要ですが、教育だけでは無理です。教育には訓練が必須で、熟練して、だんだん直感的に動けるようになることが大事です。

教育を四つのステップに分けてみます。本書のように知識として勉強して獲得することは、普通の教育です（ステップ1）。しかし、これだけで身につくわけではありません。ルールベースの行動ができるよう体得する訓練が必要です（ステップ2）。そして、訓練してスキルベースで動けるように熟練するまで持っていきます。ある程度予感が働くレベルになるには、訓練、体験しかありません（ステップ3）。この三つが現場での教育の順番です。最も重要なのは、その人の意欲、使命感、倫理感、ある意味で本人にやる気を起こさせること、心に火をつけることです（ステップ4）。これは教育ではなかなかできません。現場で、背中を見せながら学んでもらうことです。一番大事なことが教育ではなかなかできないということです。ステップ1、2、3を通して、4が身につくように安全の教育・

教育・訓練によるエラー防止

ステップ1　知識の獲得（教育）
ステップ2　ルールベースの行動（訓練）
ステップ3　スキルベースの行動（危険予知、熟練）
ステップ4　意欲、意識、使命感、倫理（心に火をつけよ）

訓練を考えなければなりません。

3・13 事故対応

◉事故への対応

安全の反対は危険ですが、危険が現実化すると事故になります。いつでも起こり得る事故にどう対応するかを、前もってきちんと考え、対応策を決めておく必要があります。その訓練も重要です。

大きな事故は、企業の存続を危うくさせます。リスクはゼロにならず、昔の我が国の原子力発電所のように、絶対に安全ですなどとは言っていられません。大きな事故だけは起こさないように、適切に前もって大きなリスクから順に予防策を打つ、これがリスクアセスメントの考え方です。それでも、絶対に事故は起きないという保障はないのです。

もし事故が起きたなら、企業は正直に素早く報告し、被害者を少しでも救い減らす、これ以上被害を拡大させない、そうした対応を求められます。まずは早く情報を開示して、これ以上事故を広げないことを優先し

事故への対応

- 事故は企業の存続を危うくさせる
- しかし、**リスクがゼロではない以上、事故は起こり得る**
- 大きな事故だけは起こさない。リスクアセスメントに従い、大きなリスクから対応せよ
- **事故は、正直に、すばやく、報告・公表（オネストリー、クイックリー）**
- 責任問題、原因究明より注意喚起、拡大防止を優先
- 顧客と一緒に対応・解決する心構えを

ます。被害者には寄り添うことも忘れてはいけません。その後に、原因究明や再発防止を試みます。

事故に対しては、企業側だけでなく、むしろ利用者と一緒になって協力して原因を究明し、再発防止を心掛けて実行すべきでしょう。事故対応は、利用者と一緒にやろうという心構えが大事です。

◉事故対応への企業の心得

現実には、製品安全では小さい事故がたくさん起きているはずです。利用者にはわかっていても、企業が把握していない例が少なくありません。労働災害でいうと、ヒヤリハット情報です。それを早めに伝えることで事故を減らすことができます。製品などの事故では、顧客からの苦情や事故情報、ヒヤリハット情報などを積極的に集めることが大事です。繰り返しになりますが、**事故については原因を究明し、再発防止につなげることを、責任追及よりも優先します。事故を起こさない未然防止が最も大事です。**そこにかける費用は、事故が起きたときに払う費用に比べたら、問題にならない程度のものです。製品のライフサイクルを考えると、設計段階、製造段階、販売段階とありますが、上流で対策を施すほど効果的で安く済みます。最悪なのは利用者が使っている段階で事故が起きることです。被害者が出るうえに、事故の賠償や修理費用、後付けの安全対策費用もかかります。

製品安全の場合、設計段階で、製品を作る段階と使う段階も含めて、設計から廃棄までの全てのステージを配慮して、安全対策を考えておきます。たとえ事故が起きたとしても大きくならないように、最初の設計段階で考えておきます。これが「セーフティ・バイ・デザイン（safety by design）」です。

◉上へのトレーサビリティとともに下へのトレーサビリティ

これからの製品では、上へのトレーサビリティ、つまりその製品の製作の上流に戻って、変なものが使われていないかを確認できなければなりません。自分が作っている製品の材料や部品を、上流でどの会社が作っているのかを知り、皆で一緒になって製品を作ろうとする考え方です。

また下へのトレーサビリティ、すなわち自社が作った製品を誰が使っていて、どういう状況で修理の状態がどうなのかなどを的確に知っておきます。顧客の顔が見える関係が大切です。この製品を作るための材料を仕入れた人の顔がわかる、使っている人の顔がわかる、こうした関係を厚くして、全員で安全を実現する発想が大事です。

皆さんの会社ではどのような製品・サービスを実行しているのでしょうか。作っているものは異なっても、やりっぱなし、売りっぱなしという時代はそろそろ終わろうとしています。これからは、「皆と一緒になって考える」安全の文化を作っていきたいものです。

3・14 マネジメントシステムとリスクアセスメント

◉マネジメントシステム（MS）

マネジメントシステムは、管理体制と訳す場合もありますが、**企業のトップが責任をもって関与し、方針、目標を定め、それを達成させるために、適切に管理して企業を引っ張っていくためのツールです。**それにはトップが現場とともに一緒に取り組み、最初から活動に関与していることが大事です。安全の場合、目的は事故の予防であり未然防止です。マネジメントシステムには次ページの図のような原則があります。ここでシステムズアプローチとは、部分に着目するのではなく、全体を統一的に把握して体系的に対応することで、PDCA（Plan・Do・Check・Act）を回しながら常に継続的に改善していく体制が特徴です。実施したことは必ず文書化して残しておくのも一つの原則です。マネジメントシステムでは、全員が参加して自分の問題として取り組みます。マネジメントシステムはプロセスをチェックしているのであり、例えば、品質マネジメントシステムで、できあがった製品そのものを一つひとつチェックするわけではありません。製品の完璧なチェックにはなっていませんが、こうしたマネジメントシステムが構築されていれば、きちんとした製品ができるはずであるという意味を持ちます。

◉リスクアセスメントとは

マネジメントシステムと並んで大事なのが、リスクアセスメントです。企業のトップの方には、少なくともリスクアセスメントの考え方だけは理解していただきたい。製品の製造現場の労働安全で考えてみましょう。使用する機械設備の使用条件、すなわち誰が使うのか、どういう環境で使うのか、機械設備の寿命はどのくらいかなどをはっきりしておかなければ、安全は定義できません。なぜならば、安全とは許容不可能なリスクがないことですが、例えば誰が使うかによってもそれは異なるからです。この条件の中には、合理的に予見可能な誤使用を明確にすることも含みます。普通の人ならば間違えてしまいそうなことを、はじめから危険源（ハザード）としてリストアップするのです。使おうとしている機械設備には、どこにどのような危

マネジメントシステム(MS)

- **コミットメントの原則**：トップが責任を持って関与する
- **予防の原則**：未然防止を目指す
- **継続的改善の原則**：常に改善の努力をする
- **PDCA の原則**：システムズアプローチを行う
- **文書化の原則**：ドキュメンテーションを必ず残す
- **全員参加の原則**：全員が主体的に参加する
- **プロセスチェックの原則**：出力をチェックしているわけではない

険源があるかを全て見つけ出しておきます。次に、各々の危険源ごとにどれだけの大きさのリスク（危害発生の確率とひどさの組合せ）が出てくるかを評価します。

リスクが許容できないのであれば安全とはいえないので、リスク低減策を施します。そして、全ての危険源に対して許容可能なリスクのレベルまで下がったとき、我々はこれを安全とみなして、製品を作っていい、使って構わないということになります。そこまでのステップを文書化して残しておき、残留リスクの情報を開示します。これが、リスクアセスメントの考え方で、事故未然防止のための科学的・体系的・網羅的、そして論理的な方法といえます［4・2(1)「リスクアセスメントの考え方」参照］。

◉安全実務者における三つのリスクアセスメント

リスクアセスメントは様々な場面で使われます。現在、機械安全や労働安全では、リスクアセスメントは誰もが知っている標準的な用語になりました。リスクアセスメントは次の三つに大きく分けられます。一つ目は設計者のリスクアセスメント。設計者がどこにどのようなリスクがあるのかを知り、設計の段階で手を打っておくことです。その後、残留リスクを情報開示します。二つ目は、生産技術者やインテグレータのリスクアセスメント。機械を導入し、組み合わせて製造ラインなどを組み立てるとき、できあがったものにどのようなリスクがあるかを知ります。そのうえで、そのリスクは許容可能かどうかを検討し、許容できないリスクであれば適正にリスク低減を施します。三つ目は作業者のリスクアセスメント。ＫＹ（危険予知）[5]やヒヤリハットも全て、このレベルでのリスクアセスメントの一部を構成しています。作業者が、与えられた機械設備について残留リスクの情報をもらい、ここにはこういう危ないところがあると自覚して注意する

5　ＫＹ（危険予知）とは、作業の中に潜む危険性について作業者同士がお互いに話し合い、前もって危険性を予知して対策を施すこと。そのための訓練も含めてＫＹＴ（危険予知訓練）ともいう。

ことです。またヒヤリハット情報を皆で共有し、可能であればインテグレータや設計者にフィードバックすることが、作業者のリスクアセスメントです。リスクマネジメントにおいて、リスクアセスメントは核となる考え方です。

3・15 労働安全衛生マネジメントシステム

◉労働安全衛生マネジメントシステムの経緯

マネジメントシステムの中で、安全のための典型的なものが、労働安全衛生マネジメントシステムです。

労働安全衛生法という法律が日本では施行されています。イギリスでは1972年のローベンス報告に従って、1974年に労働安全衛生法が制定されています。日本の制定は1972年ですから、日本のほうが先になります。労働安全衛生法に基づいて、職場における安全確保の具体的な方法が定められています。一方、マネジメントシステムという概念はイギリスから出ています。これは、PDCAサイクルを回しながら、常に安全確保をチェックするやり方です。世界標準として、品質管理のISO 9001や環境のISO 14001というマネジメントシステムでは、認証と呼ばれる制度を背景に世界的に広まっています。

労働安全衛生のマネジメントシステムも国際標準として制定しようという動きはありましたが、労働安全衛生の法律が各国で異なるため、マネジメントシステムとして世界共通のものが作りにくいという事情があり、長い間ISOでの国際標準化はされていませんでした。それまでは、イギリスの英国規格協会が1996年にBS 8800という労働安全衛生管理システムに関するマネジメント規格を発行し、これに従って認証するOHSAS 18001が世界に広がっていました。日本でも旧労働省の労働安全衛生マネジメントシステムに関するガイドラインに従い、中央労働災害防止協会（Japan Industrial Safety and

Health Association：ＪＩＳＨＡ。以下、中災防）がＪＩＳＨＡ方式で同様の労働安全衛生マネジメントシステムの認証を行ってきました。

◉労働安全衛生マネジメントシステム

２０１８年３月にＩＳＯ ４５００１として、やっと労働安全衛生マネジメントシステムの国際規格が発行されるに至りました。一般的に労働安全衛生については、法律で官がやる役割もありますが、民が自分たちでマネジメントシステムを構築して、自主的に活動する役割もあります。企業における労働安全衛生マネジメントシステムにも二つの役割、すなわちトップダウンとボトムアップがあり、この両方を組み合わせることで安全を実現します。

ＩＳＯとして、労働安全衛生のマネジメントシステムが制定されたので、従来の品質マネジメントシステムや環境マネジメントシステムと合同で、一緒に統一的に認証ができるというメリットもできました。

労働安全衛生マネジメントシステムの経緯

労働安全衛生法（日本）
（1972：昭和 47 年）
労働安全衛生法（イギリス）
（1974：ローベンス報告に基づく）

マネジメントシステム
PDCA サイクル
ISO 9001（品質）
ISO 14001（環境）
（認証）

イギリス：BS 8800 労働安全衛生マネジメントシステム（1996）
厚生労働省：労働安全衛生マネジメントシステムに関する指針（1999）
ILO-OSH 労働安全衛生マネジメントシステムに関するガイドライン（2001）

OHSAS18001 労働安全衛生マネジメントシステム（BS8800 に基づく）
JISHA 方式 OSHMS 労働安全衛生マネジメントシステム

ISO 45001 労働安全衛生マネジメントシステム（2018 年制定）

◉（ISO 45001＋α）のJISが発行（JIS Q 45100）

国際規格としての労働安全衛生マネジメントシステムISO 45001では、世界共通を目指したために、各国で独自のものは取り入れられませんでした。しかし日本は、現場に強い労働安全衛生活動、例えば4S活動[6]、KY活動などを実際に行ってきた独自の歴史があります。これは、我が国の厚生労働省が世界に先駆けて制定した労働安全衛生マネジメント指針に従って、中災防とともに地道に展開し、その有効性が確認されています。この活動は、日本では労働安全衛生法に規定されている部分もあるので、この伝統を引き継ぎ、発展させる必要があります。しかし、残念ながらこれら独自の活動は、ISO 45001には含まれていませんでした。そこで、ISO 45001に日本の特徴を入れ込んだ日本独自の労働安全衛生マネジメントJIS Q 45100が2018年9月に発行されました。JIS Q 45100は、その中にISO 45001の要求事項を全て含んでいるので、JIS Q 45100の認証を取得すれば、自動的にISO 45001の認証を取得したことになります。

(ISO45001＋α)のJIS
が発行(JIS Q 45100)

- 我が国の現場では、厚生労働省の労働安全衛生マネジメントシステム(OSHMS)指針に従い実施されてきたこれまでの**独自の労働安全衛生の諸活動**がある
- 伝統的な労働安全衛生活動の中でその有効性が確認されている活動を維持・発展させたい
- 現在、我が国がこれから積極的に取り組もうとしている課題を取り入れたい
例えば、4S 活動、KY 活動などの日常的な安全衛生活動
例えば、働き方改革で目指している健康などに関する項目
- これらは、提案されているISO 45001 に具体的に記述されていない
- 我が国独自の要求事項を記述したい
- ISO 45001 に＋αを追加して、「JIS Q 45001 と一体で運用できる新しい JIS」＝**JIS Q 45100** が制定された（2018 年 9 月）

◉労働安全衛生マネジメントシステムの有効性

図は日本の現場の活動も考慮した従来のＪＩＳＨＡ（中災防）方式による労働安全衛生マネジメントシステムの有効性を示したデータです。労働安全衛生マネジメントを導入しているところでは、労働災害者数が平均よりもはるかに少ないことがわかります。マネジメントシステムは何年かに一回必ず更新があり、労働災害数は確実に減っています。通常は、死傷者は１０００人当たり、死者数は１万人当たりの労働災害件数で計算します。図の数値は、１年間１０００人当たりに起きた労働災害の値です。普通は休業４日以上の労働災害の１０００人当たりの数で評価しますが、この図では１日以上の休業でも労働災害とした数で評価しています。当初は１・２５であったものが減少してきて、最後は０・３６になっています。日本の平均の値は２・７ぐらいですから、労働安全衛生マネジメントシステムを導入すると、いかに労働災害が減るかがわかります。労働安全衛生マネジメントシステムが非常に有効であることがわかる例です。

6　４Ｓ活動とは、整理、整頓、清掃、清潔の四つのＳを意味する。

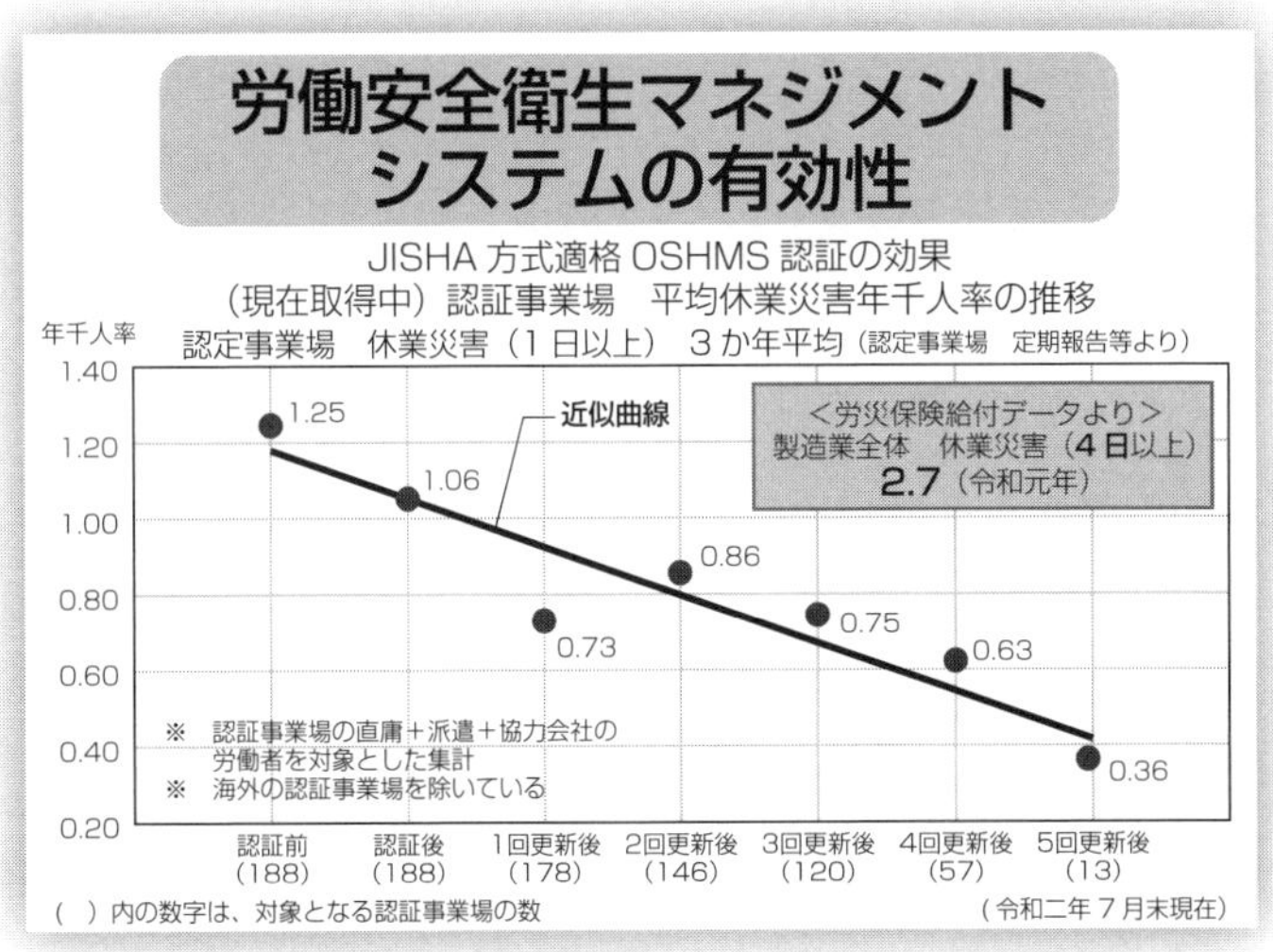

出典　中央労働災害防止協会（2020）：JISHA 方式 OSHMS 認証の効果[14)]

企業のトップの方には、ぜひこの有効性を認めて、自社にツールとして労働安全衛生マネジメントシステムを導入していただきたいです。認証を受けることもお勧めします。ＩＳＯ ４５００１は日本も含めて世界で定着し始めています。

3・16 人材育成と安全資格者

◉経営層と現場をつなぐ橋渡し人材の必要性

安全を企業の中で定着させるには、どうしても企業の中に安全の専門家、安全に詳しい人間が必要で、安全人材の育成が必須になります。

経営層には、自分でものを判断し、決定する責任があります。安全に対してどのぐらいの費用をかけたらいいのか、どういう人材を育てるのかは、全てトップの責任になります。当社の今の安全はどういうレベルにあり、何が必要か、現場から言われていることにお金をかける価値があるのかなどを判断するためには、安全に詳しい専門家が、適切に現場とトップとの橋渡しをする必要があります。また、製品が安全に設計さ

経営層と現場をつなぐ
橋渡し人材の必要性

トップが安全に納得して投資できるためには
- トップにコスト／安全の有効性を説明できる中間層（橋渡し）の人材が必要
- 広義の安全性［セーフティ、セキュリティ、リライアビリティ（信頼性）］を現場に指示・調整し、また、現場の意見を経営層に集約・説明できる中間層（橋渡し）の人材が必要

そのためには
- 広義の安全性［セーフティ、セキュリティ、リライアビリティ（信頼性）］を融合しつつ総合的に、横串を刺す考えの人材が必要である
- 安全の共通概念を理解する人＝安全学の素養のある人が、各組織、各部門、経営層に広がる必要がある

れ製造される、安全な生産ラインを設置する、これらを確実に実現する人間も必要です。

安全は、人が亡くならない、けがをしないようにするだけではありません。生産性の問題もあります。危険だからといって、ただ単に止めればよいわけではない。生産ラインがすぐにストップするようでは困ります。信頼性、安定性といってもよいのですが、安全性とともに、安定してラインを動かせる人材も必要です。最近ではサイバーセキュリティのように、情報関係の安全という新たな問題も出ています。これらのために、**安全学の概念をきちんと理解し、技術だけではなく、人間のことから組織マネジメントまでもわかる安全の技術者、安全の専門家を育ててほしいものです。**

◉セーフティアセッサ制度

安全の専門家を育成する制度があります。機械安全の分野ですが、セーフティアセッサといいます。これは、国際安全規格に基づく機械安全の知識、能力を有することを第三者認証する制度で、2004年からスタートしました。日本電気制御機器工業会（Nihon Electric Control Equipment Industries Association：NECA）と日本認証（Japan Certification Corporation：JC）、及び実際に教育をする様々な組織が共同で育ててきた制度です。この制度には、セーフティサブアセッサ （SSA）、セーフティアセッサ（SA）、セーフティシニアアセッサ（SEA）、セーフティリードアセッサ（SLA）の3段階、4資格（SEAとSLAは同じレベル資格）があります。一番下に少し易しいベーシックアセッサ（SBA）があり、経営スタッフのためのセーフティオフィサー（SO）の制度も最近追加されました。講義を受け、試験に受かると資格が授与されます。

◉セーフティアセッサ制度の現状

2万人以上の人がすでにセーフティアセッサの資格を得ています。セーフティアセッサを取得した人が多

セーフティアセッサ制度

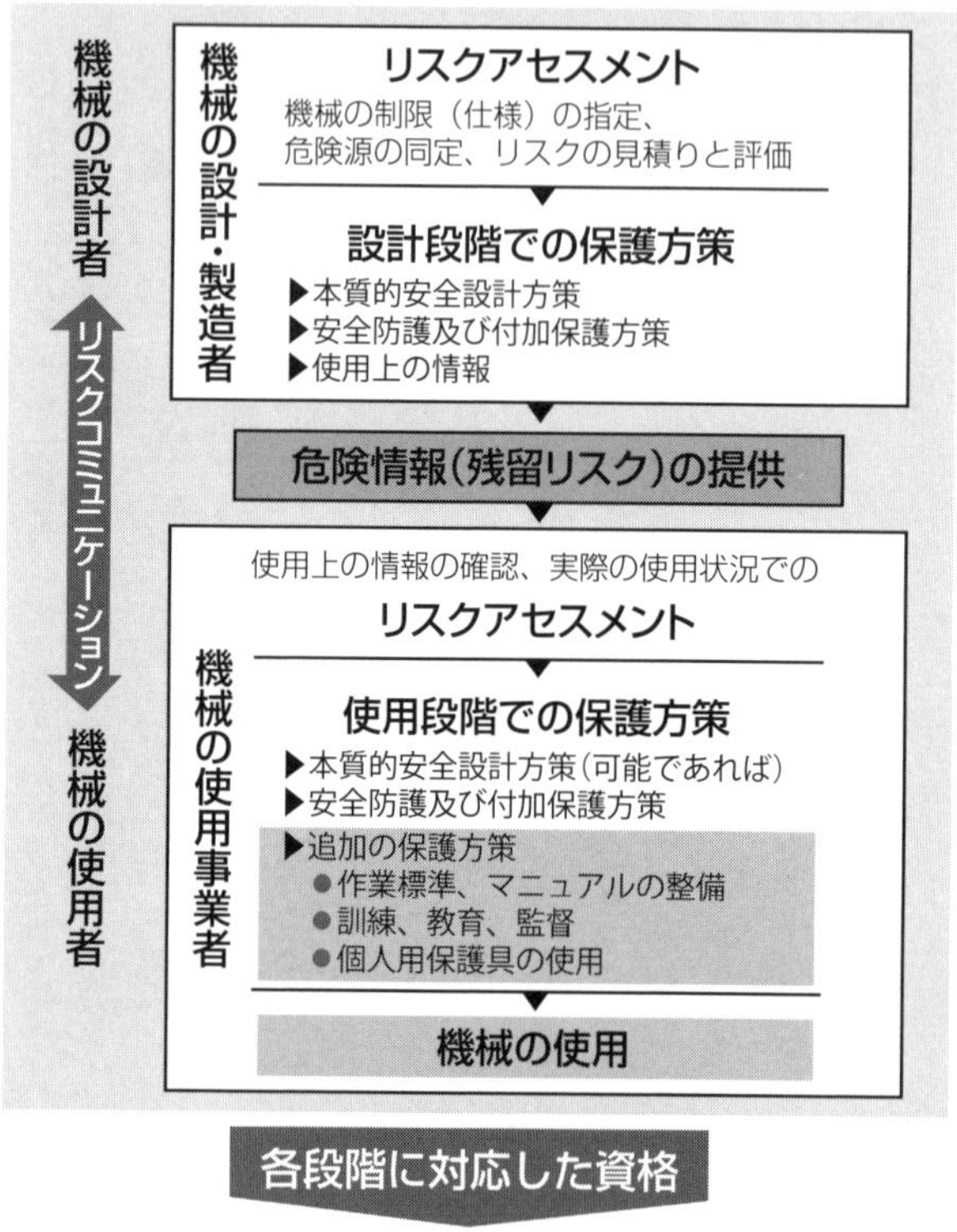

機械の設計者
リスクコミュニケーション
機械の使用者
機械の設計・製造者
リスクアセスメント
機械の制限（仕様）の指定、
危険源の同定、リスクの見積りと評価
設計段階での保護方策
▶本質的安全設計方策
▶安全防護及び付加保護方策
▶使用上の情報
危険情報（残留リスク）の提供
機械の使用事業者
使用上の情報の確認、実際の使用状況での
リスクアセスメント
使用段階での保護方策
▶本質的安全設計方策（可能であれば）
▶安全防護及び付加保護方策
▶追加の保護方策
●作業標準、マニュアルの整備
●訓練、教育、監督
●個人用保護具の使用
機械の使用
各段階に対応した資格

セーフティリードアセッサ	(SLA)	セーフティアセッサの持つ知識・能力に加え、第三者として安全性の妥当性判断の総合力を有する
セーフティシニアアセッサ	(SEA)	セーフティアセッサの持つ力量に加え、特定の安全技術分野に関する検証と妥当性確認の力量を有する
セーフティアセッサ	(SA)	セーフティサブアセッサの持つ知識・能力に加え、安全性の妥当性判断の総合力を有する
セーフティサブアセッサ	(SSA)	安全性の妥当性確認の基礎知識・能力を有する
セーフティベーシックアセッサ	(SBA-Mo) (SBA-Ex)	機械運用が安全にできる

出典　日本認証（2021）：安全資格認証制度のご案内をもとにして作成 15)

い企業ほど労働災害が少ないというデータもあります。セーフティアセッサの資格を持った人が企業内、特に生産現場で生産ラインを安全に設計しているからです。

各企業がこれから、安全を自身の企業内に定着させようと考えるならば、安全の人材を育成していただきたい、その際はセーフティアセッサ制度も大いに有用でしょう。

3・17　安全文化の構築

◉安全文化とは

経営安全にとっての重要な目標は、企業の中に最終的に安全文化を適切に構築し、定着させ、企業のトップから現場まで皆が同じ考えを持って安全を大事にすることです。これができれば、安全は常にその企業の中で確保されます。これが安全文化（safety culture）と呼ばれるものです。安全文化という言葉は、もともとは１９８６年のチェルノブイリ原発事故を契機に使われ始めました。ここでは原子力分野での安全文化の定義を紹介します。

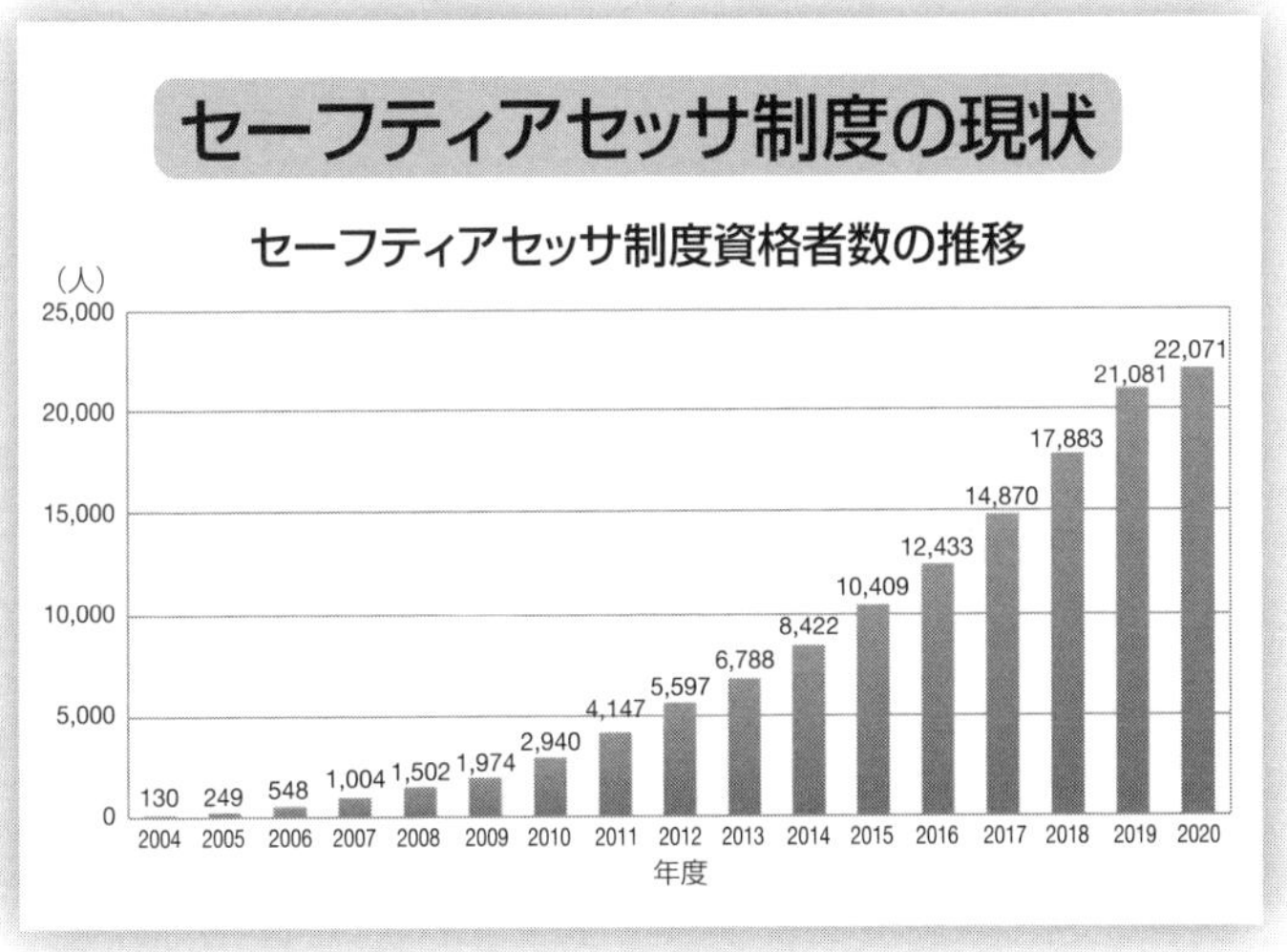

出典　日本認証(2021)：資格者数推移をもとにして作成 16)

「原子力の安全問題は、その重要性にふさわしい注意が、必ず最優先で払われるようにするため、組織と個人が備えるべき統合された認識や気質であり感度である」、これが原子力分野での安全文化の定義です。国際原子力機関（ＩＡＥＡ）によるもので、原子力に特化しているため、わかりにくいところがあるかもしれません。

厚生労働省の労働基準局がある会議で出している安全文化の定義はこうです。「組織と個人が安全を最優先する気風や気質を育て、社会全体で安全意識を高めていくこと」。組織と個人と社会が出てきますが、安全を大事にする文化、気風、風土は、組織にも個人の心の中にも社会の中にもあります。各安全分野にそれぞれ独特の安全文化がありますが、大切なのは安全文化が各企業に定着しているということです。

◉安全文化の指標例

なぜ、安全文化の構築を図るのか。安全文化は目に見えないわかりづらい概念です。安全は、一時的な活動や対応では長続きしません。すぐに忘れ去られてしまいます。安全を大事にする風土、習慣、意識が組織に定着し、個人に身に付き、結果として社会全体の文化にまで高められ、それが当然というふうにならなければ、安全は長期的に確保できません。これが安全文化構築の理由です。

ここでは、安全文化の指標の例を挙げます。『組織事故』[17)]の著者であるジェームズ・リーズンは安全文化として四つの指標を掲げています。１番目は、「報告する文化」。きちんと報告しあえる文化です。２番目は「正義の文化」。これは「罰せられる」「非難される」という葛藤を超えて、正義に立脚した組織風土を創っていく文化です。３番目は「柔軟な文化」。時代は変わり、文化も環境も変わっていきます。それらに柔軟に応じ、しかし基本だけは変えない、ということです。４番目は「学習する文化」。他企業に学ぶとともに、時代や技術の変化をきちんと学んでいかなければならない。そういう気風がないと、安全文化は定着が遅れて風化してしまいます。

次に関西電力が掲げている三つの安全文化の指標を紹介します。一つ目は、トップのコミット。トップがどれだけ安全に対してコミットしているか、責任を持って動いているか、発言しているか、実行しているかという、トップの責任の話です。二つ目はコミュニケーション。これはジェームズ・リーズンの報告する文化と似ていますが、お互いのコミュニケーションがよくできているかを適切にチェックし評価しようということです。三つ目に学習する組織。これもジェームズ・リーズンの4番目と同じで、やはり学習は大事な風土、体質といえます。

◉組織の安全文化

組織の安全文化について、ここでは一つの例として、高野研一先生らの提案による概念を図に示しました。安全文化はガバナンス、すなわち組織統率から始まるいくつかのファクターからなります。組織の安全文化はこれらの要素から構成され、お互いに関係しあっています。各企業は、自らの企業に安全の文化が定着しているかどうかを、これらの指標でチェックできます。ガバナンス、コミットメント、コミュニケーシ

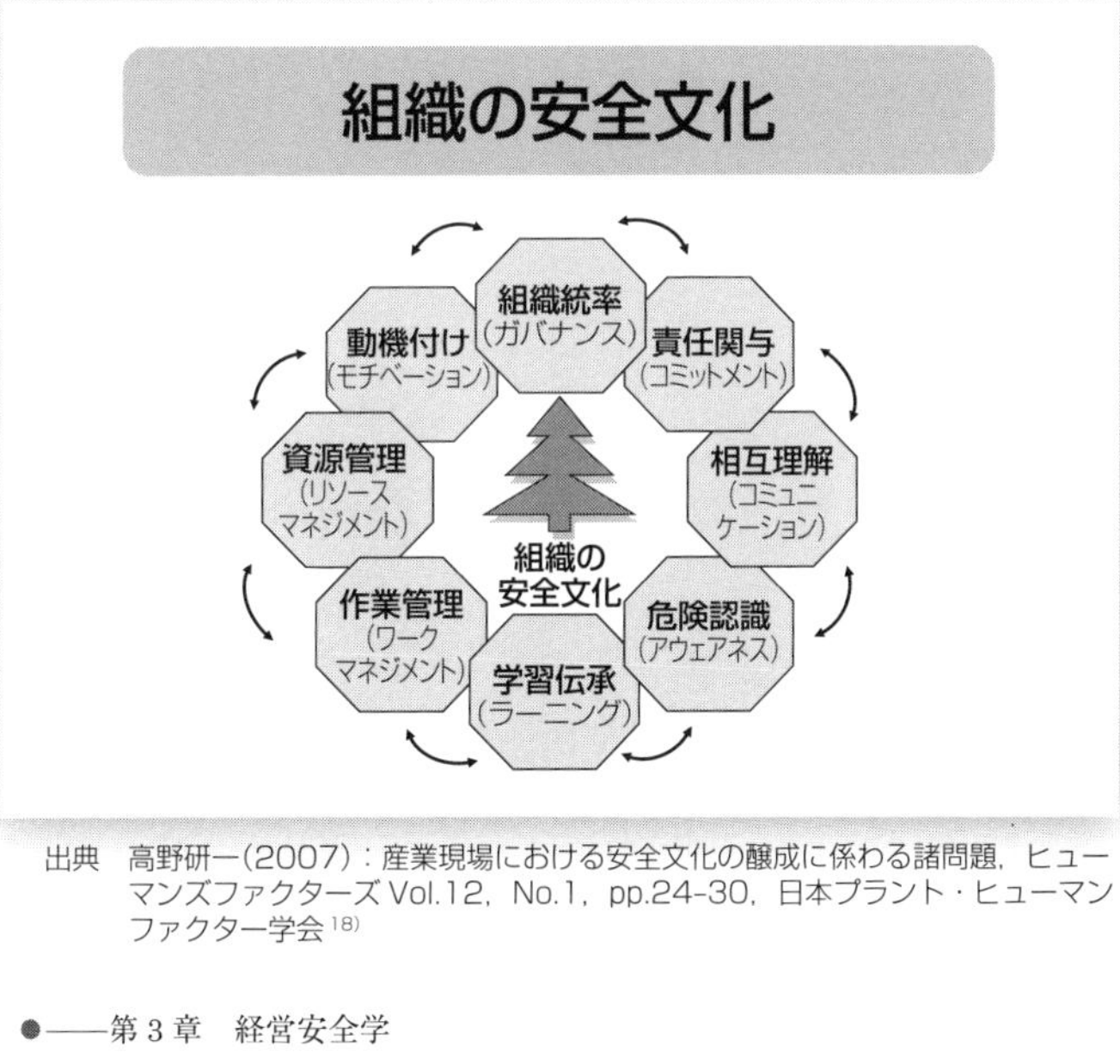

出典　高野研一(2007)：産業現場における安全文化の醸成に係わる諸問題，ヒューマンズファクターズ Vol.12，No.1，pp.24-30，日本プラント・ヒューマンファクター学会[18)]

ョン、危険をどれだけ意識するかというアウェアネス、ラーニング（これはジェームズ・リーズンと一致）、それからワークマネジメント、リソースマネジメント、モチベーションからなっています。これらの機能が、安全文化の定着度を測る指標だといいます。

これらが定着していると、トップが代わって安全に無関心なトップが来ても、安全をやらざるを得ません。トップの交代で企業ががらりと変わることはよくありますが、安全が定着していれば、安全を大事にする文化は必ず維持されます。

3.18 未来安全構想

◉未来安全構想とは

企業のトップにとって非常に大事な考え方に、未来安全構想があります。セーフティグローバル推進機構（The Institute of Global Safety Promotion：ＩＧＳＡＰ）（筆者が会長を務める）が掲げている、未来安全構想における八つの提言をリストアップしました。

未来安全構想の１番目では、安全はトップダウンで推進することを提言しています。トップが率先してやらない限り、安全は実現できず、安全文化は定着しません。２番目は、安全はコストではなく投資である。未来の先行投資として、安全には人、モノ、お金をつけなさいという意味です。３番目は安全人材に投資しようという提言。安全を実現する人間を育て、その人を高く評価し、そうした人材を企業の役員などに登用する考え方が大事です。４番目は、最新の安全技術への投資。今はＩｏＴ、ＩＣＴ、ロボットといった新しい技術が盛んに開発されています。こうした技術を安全の実現に使わない手はありません。これらをどんどん利用して安全の競争が盛んになることで、製品や社会はより安全になっていきます。５番目は社会が安全

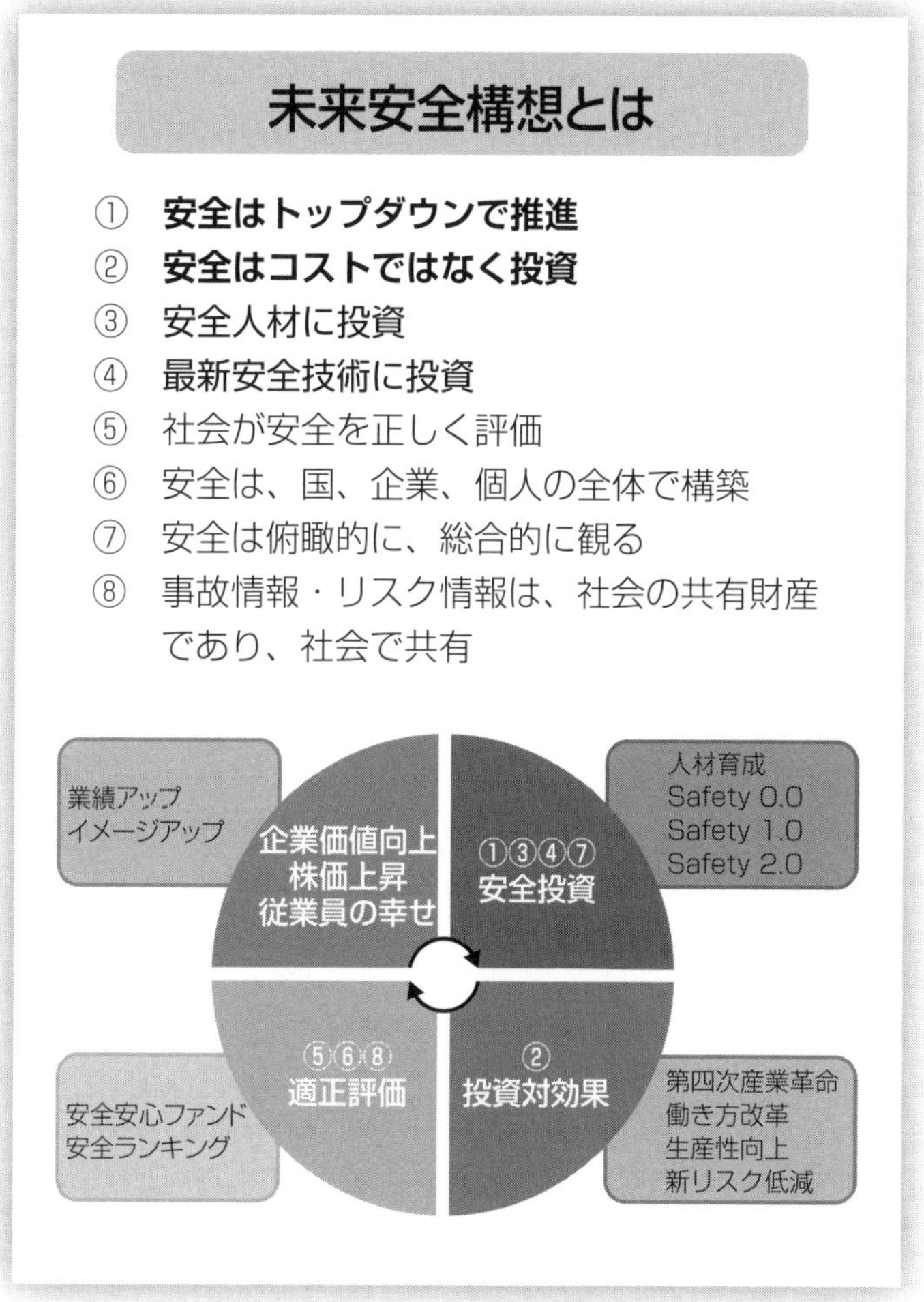
未来安全構想とは
① 安全はトップダウンで推進
② 安全はコストではなく投資
③ 安全人材に投資
④ 最新安全技術に投資
⑤ 社会が安全を正しく評価
⑥ 安全は、国、企業、個人の全体で構築
⑦ 安全は俯瞰的に、総合的に観る
⑧ 事故情報・リスク情報は、社会の共有財産であり、社会で共有
業績アップ
イメージアップ
企業価値向上
株価上昇
従業員の幸せ
①③④⑦
安全投資
人材育成
Safety 0.0
Safety 1.0
Safety 2.0
⑤⑥⑧
適正評価
安全安心ファンド
安全ランキング
②
投資対効果
第四次産業革命
働き方改革
生産性向上
新リスク低減

出典　セーフティグローバル推進機構(2017)：未来安全構想[19)]

を正しく評価するように皆で協力すること。安全な製品を買い、そういう製品を作っている企業を高く評価して、安全を大事にする文化を社会にきちんと定着させる。6番目の提言は、安全は国、企業、個人が全体で共同して、それぞれ役割と責任を果たして、全体で創る。

安全学の考え方が示すように、安全は技術や科学だけで片付く問題ではありません。人間の部分、組織・社会的な部分、そして技術の部分が共同して、安全を包括的・俯瞰的に、総合的に見て対応しようという提言が7番目です。本章の経営安全学は、安全を俯瞰的に見るための一つの講義と考えてもよいでしょう。8番目は事故情報・リスク情報は社会の共有財産なので皆で提供しあい、共有し、そこから学ぶこと。そのためには企業のトップが主導して、企業や分野を超えて、安全情報・危険情報・事故情報を皆で出しあって勉強します。これは、事故情報は世界の共有財産だという意味です。この未来構想の八つの提言には、これまで本章で述べてきたことが総括されています。

●企業の成長モデルと未来安全構想

ここまでの話を、企業価値向上の成長モデルとして考えてみます。例えば、安全に投資することで、安全を高めていくことになる（安全投資）。これだけのお金をかけるとどれだけの効果があるかという、安全投資対策効果をきちんと考えて、適切に安全に投資する（投資対効果）。それに対して社会が適切に評価し、顧客も企業を適正に評価することによって（適正評価）、企業の評判も上がり、企業の価値が向上する。企業の価値向上は、株価上昇、従業員の幸せにつながります。その結果、さらに安全に投資することができる。このような循環で企業は成長し、安全の価値も高まっていきます。これが未来安全構想のねらいです。

3・19　世界の大きな潮流

◉世界の大きな潮流

　現在、私たちを取り巻く世界の大きな潮流を眺めてみましょう。第一に挙げなければならないのは、デジタルトランスフォーメーション（DX）です。これはデジタル化という技術上の大きな変化であり、具体的には、IoT、AI、ビッグデータ、5G、ロボット、ドローン、クラウド、ブロックチェーンなどのICT（情報通信技術）の技術発展に起因します。DXにより、企業におけるビジネスモデルはもちろんのこと、国や社会における制度、仕組みのあり方が根本から変わりつつあります。安全技術の分野でも、Safety 2.0、すなわち安全機能にICTを使おうとする新しい流れは、まさしくこの変化に沿っています。

　第二に、国際連合が提唱しているSDGs（Sustainable Development Goals：持続可能な開発目標）の流れです。これまで我々の社会が取り残してきた、いや、拡大させてきた未解決の地球的課題、例えば地球温暖化、格差の拡大、食料や水不足などに対して、企業の経営活動に取り入れて、皆で協力をして取り組もうとしています。

　第三は、上の二つと深く関係しますが、私たちの価値観の変化です。金銭という経済的な価値より、安全・安心・健康、ウェルビーイングという個人的な価値や社会的な価値を重視する方向です。この三つに限りませんが、これからの経済活動は、こうした世界の潮流を意識して営む必要があります。

◉SDGsの目指すところ

　ここでSDGsについて振り返っておきます。2015年9月に国連総会で採択された「持続可能な開発のための2030アジェンダ」にSDGsが含まれており、2030年までの解決を目指して、世界的に未解決な目標である「貧困をなくそう」「飢餓をゼロに」などの17のゴールとそれを細分化した１６９のターゲットからなっています。その中で安全は、一つの独立した項目とはされていませんが、広く散らばってＳＤＧｓの背景をなしていると考えられます。あえて挙げるなら、「ゴール３・すべての人に健康と福祉を」「ゴール４・質の高い教育をみんなに」「ゴール８・働きがいも経済成長も」「ゴール17・パートナーシップで目標を達成しよう」などに関連しています。現在、多くの企業は、自らの事業を通じてＳＧＤｓのどれかの目標に貢献すべく、企業理念の中に取り入れており、それが環境や社会に貢献している企業を対象としたＥＳＧ投資の指標にもなっています。

　ＳＤＧｓには、人類が持続可能な範囲内で開発していくための具体的な解決目標が掲げられていますが、大事な

SDGsの目指すところ

ゴール3　あらゆる年齢のすべての人々の健康的な生活を確保し、福祉を促進する。

ゴール4　すべての人々への包摂的かつ公正な質の高い教育を提供し、生涯学習の機会を促進する。

ゴール8　包摂的かつ持続可能な経済成長及びすべての人々の完全かつ生産的な雇用と働きがいのある人間らしい雇用（ディーセント・ワーク）を促進する。

ゴール17　持続可能な開発のための実施手段を強化し、グローバル・パートナーシップを活性化する。

のはその背景にある精神です。それは、（1）今の世代が将来の世代に負担を背負わせてはいけないという「世代を超えて」（present and future generation）の精神、（2）社会的な弱者や少数者を含めて全ての人に対して「誰一人取り残さない」（leaving no one behind）という精神、（3）全ての人々が身体的、精神的、社会的に「よく生きられる」（well-being）精神、この三つです。最後の三つ目は今後の安全のあり方に深く関係してきます。

◉SDGsと労働安全衛生

ここで、SDGsと安全、特に労働安全衛生との関係について考えてみましょう。現在、労働安全衛生の分野は、SDGsから大きな影響を受けつつあります。例えば、性差、身体的障害、雇用形態、サプライチェーンなどに基づく差別の解消が求められています。一方、企業の生き残りと社会的な存在意義のために、世界中の多くの企業がSDGsに貢献すべく動き出していますが、そのための基本は、労働安全衛生の確保にあると考えます。もちろん、SDGsに直接貢献する事業によって企業が利潤を得ることもありますが、一般的にはあらゆる事業において、安全の面で、サプライチェーンを含めて企業で働く全ての人の安全・安心・健康・ウェルビーイングを実現する、そのもとに顧客の安全と経営の安全がある。そうすることによって利潤を得ながら、社会の安全や環境を通してSDGsに貢献することが企業の本来の役割であるからです。

労働安全衛生、経済的利潤、社会貢献の三つをこの価値観の順番で同時に実現することが、これからの企業のあり方です。こう考えると、企業においては労働安全衛生の充実が、SDGs貢献の基本であることになります。

3・20 労働安全衛生の世界的な動向

◉労働安全衛生の世界的動き

労働安全衛生マネジメントシステムが、2018年にISO 45001として制定されましたが、一方で、経営のトップが関与して、現在、世界的に労働安全衛生の分野で大きな動きが起きています。その始まりは、フィンランドで始まったゼロアクシデントビジョン（Zero Accident Vision）という思想のもとで行われていたゼロアクシデントフォーラム（Zero Accident Forum）からです。これは、企業のトップ同士が仲間を集めてフォーラムを作り、労働災害ゼロに向けて労使が協力し、フォーラムに参加している企業同士がお互いの情報を共有し、切磋琢磨しながら労働災害を減らす努力をすることを、お互いに誓いあうものです。この活動がドイツをはじめヨーロッパ全域に広がりつつあります。例えばドイツでは、参加している企業のトップとドイツ連邦共和国労働安全衛生研究所（IFA）ディレクターで機械安全で有名なディートマール・ライナート教授とが宣言書に署名をするという形で展開されています。

このゼロアクシデントビジョンの活動は、ヨーロッパの識者によると、我が国のゼロ災運動に刺激されて始まったとのことです。我が国のゼロ災運動が、ヨーロッパのこのような活動につながっていることは、私たち日本の労働安全関係者の誇りであるといえるでしょう。ここで興味深いのは、ゼロ災運動が主として現場の自主的な活動として展開されていったのに対して、ヨーロッパでは企業のトップが関与して強く主導していったという違いです。どちらかといえば、我が国は現場重視のボトムアップ的に、ヨーロッパは企業経営者によるトップダウン的に進められたことは、文化の違いによるものなのか、興味をひかれる事実です。

◉ゼロアクシデントビジョン

ゼロアクシデントビジョンが掲げているスローガンを見てみましょう。たくさんありますが、私の価値観に基づき、その主なものをリストアップすると表のようになります。左側の従来の安全管理の内容は、我が国でも現時点で多くの人が考えているものと同じです。どこの国でも同じような考え方をしているように思えます。それを、右の欄のような新しい考え方で労働安全に対応しようというのがゼロアクシデントビジョンです。

ここで重要な主張は次のようなものです。

「事故原因を求めて災害を防止することから、未来に向けて安全を創造的に作り上げていく」「安全を現場に対する管理で実現することから、トップがリーダーシップをもって引っ張っていく」「災害ゼロを目指すべき目標とすることから、実現可能なものとして追求し続けていく」「災害・事故を失敗として責めることから、そこから学ぶよい機会としていく」「安全に関する費用はコストと考えることから、未来への先行投資と考えていく」「安全は管理体制を強化して実現すること

ゼロアクシデントビジョン

従来の安全管理	Zero Accident Vision
災害は防止するもの	安全は作るもの
リスクは管理するもの	安全に対するリーダーシップと優れたビジネスセンスが必要
ゼロ災害は目指すべき目標である	ゼロ災害は、実現可能なあくなき探求である
災害は失敗だ	災害は学ぶ機会だ
安全はコストとみなされる	安全は投資とみなされる
管理体制を重要視せよ	文化、教育、そして制度を重視せよ
安全は優先事項である	安全は価値である

から、安全文化として定着させていく」「安全は管理における最優先順位と考えることから、安全そのものが価値であると考えていく」

素晴らしい考え方であり、これらの内容は本章で紹介した未来安全構想と多くの面で重なっていることがわかります。両者は独立に提案されていますが、向かうべき方向は同じであるといえるでしょう。

●ビジョンゼロの活動

ゼロアクシデントビジョンという考え方は、世界労働機関（ＩＬＯ）に関連する国際社会保障協会（The International Social Security Association：ＩＳＳＡ）が旗振り役として、２０１７年にビジョンゼロ（Vision Zero）へと進化して、ビジョンゼロ活動が始まりました。これが現在のグローバルな労働安全衛生に関する大きな潮流です。

これまでのゼロアクシデントビジョンは、労働者の身体的な安全（safety）を主な対象としてきましたが、ビジョンゼロでは、安全だけでなく健康やウェルビーイング、すなわち幸福まで範囲を広げています。ウェルビーイングの内容はいろいろと解釈できますが、大

事なことは、けがや病気をしないというこれまでの労働安全衛生の内向きの狭い範囲から、危害の発生を未然に予防して明るく前向きに「よく生きよう」というポジティブな面が強調され、労働者の働き方を含めてより広い範囲に対応するようになってきたことです。

◉ビジョンゼロサミット

ビジョンゼロの活動は、フィンランドをはじめとしたヨーロッパから始まりましたが、現在はアジア、アフリカ、ロシアなどの地域を巻き込んで、世界的な動きになっています。事実、２０１８年にフィンランドで第1回のビジョンゼロサミット（Vision Zero Summit）が開かれ、多くの国から参加者が集まりました。我が国からも、労働安全衛生総合研究所や中災防、セーフティグローバル推進機構（ＩＧＳＡＰ）を中心に多くの人々が参加し、次回の第2回は日本で開催することが決まりました。我が国から誕生したゼロ災運動が、このように世界的に広まりつつあることを目にするとき、先人の努力には感慨深いものがあります。

◉ビジョンゼロの理念

ビジョンゼロの考え方とはどのようなものでしょうか。これは企業の経営トップが心得るべきビジョンです。まず、働く人々を守るというよりも、働く人々に与えるべきものとして、安全（safety）から健康（health）、その先の幸福（wellbeing、ウェルビーイング）まで範囲を広げています。これらをビジョンゼロの３要素と呼びます。この三つの要素のもとに七つのゴールデンルールと呼ぶ考え方が挙げられています。それは、（1）トップがリーダーシップを取る、（2）三つの要素を脅かす源である全てのハザード（危険源）を見いだし、明確にする、（3）どの危険源を対象にどのように三つの要素を実現していくかのターゲットとステップをはっきりさせる、（4）安全を実現するためのシステム、制度を確立して確保する、（5）安全は、人間の注意の前に、技術に投資をして技術的に確保する、（6）安全を実現する人の能力を上げ、地位を確実にするために資格制度を推進する、（7）安全に関する教育を実施し、人財育成のために十分な投資をする、この七つです。この七つのゴールデンルールは、安全学で主張している内容とほとんど一致していることに気づかれるでしょう。

ビジョンゼロの推進団体であるISSAは、これらの七つのルールをさらに細分化して、企業が自らを自己評価できるチェック項目を用意しています。これは他社と比較するためではなく、自社の弱点、強い点を明確にするとともに、活動を通してどのように進化しているかをチェックするためとしています。「労働安全衛生は現場だけの問題ではなく、経営の課題でもある」、ビジョンゼロ活動の目的はここにあります。

◉ウェルビーイング

現在、世界的に提唱されているウェルビーイング（wellbeing）とは、文字どおり、よく（well）生存する（being）ことです。最初に知られるようになったのは、世界保健機構（WHO）の憲章に用いられていた「健康とは、単に病気でない、ということではなく、身体的、精神的、社会的なウェルビーイングが満たさ

ビジョンゼロの理念

ビジョンゼロの３要素

- ●安全（safety）
- ●健康（health）
- ●幸福（wellbeing）

七つのゴールデンルール

1. トップがリーダーシップを取る
2. ハザードを特定する
3. ターゲットを定義する
4. 安全なシステムを確保する
5. 安全な技術を確保する
6. 資格制度を推進する
7. 人財への投資

出典　ビジョンゼロウェブサイト[22)]

れている状態」という文言だと思います。我が国の厚生労働省の文章では、「ウェルビーイングとは、個人の権利や自己実現が保障され、身体的、精神的、社会的に良好な状態にあることを意味する概念」と書かれています。共通しているのは、身体的、精神的、社会的に、よりよく生きている状態ということです。

労働安全衛生の分野で安全、健康、ウェルビーイングというとき、当初は「安全」を身体的な傷害がない状態、「健康」を身体的な病気や疾病がないこと、「ウェルビーイング」はメンタルな精神的障害がないことと解釈する傾向にありました。この意味で我が国の労働安全衛生は、すでに身体的な傷害だけでなく病気やメンタルも視野に入れており、ウェルビーイングを考慮していたともいえます。しかし、現在提唱されているウェルビーイングはさらに進んで、心身ともに健全な状態から、社会的にも良好な状態、やりがい、生きがいまで含むものに解釈されるようになってきました。これからウェルビーイングがどう解釈されるかは、時代により、場面によっても異なると思われますが、本書ではこうした傾向を踏まえて幸福と訳したわけです。

ウェルビーイング

ウェルビーイングとは、個人の権利や自己実現が保障され、身体的、精神的、社会的に良好な状態にあることを意味する概念（出典　厚生労働省[25)]）

	旧概念（後ろ向き）	新概念（前向き）
安全（safety）	身体的傷害がない	リスクからの解放 リスクを受け入れて、ベネフィットを求めて、自由に行動できる **「安心して」**
健康（health）	身体的病気、疾病がない	心身共に健全 ②身体的にも、精神的にも、社会的にも良好な状態（WHO） **「元気で」**
ウェルビーイング（wellbeing）	①（メンタル等）精神的障害がない	③やりがい、生きがい、幸福⇒安心 **「意欲的に」**

経営安全学のまとめ

企業安全の理念

本章では経営安全学の概略を述べました。経営者が企業の安全について考えるヒントにしていただければと思います。

企業は、社会に貢献してこそ、持続的に社会に存在し続けられます。社会に貢献することを目指す、この高邁な精神が大切です。そして、安全にかける費用はコストではなく、先行投資だと繰り返し述べました。安全に前もってお金をかけ、生産設備を安全化することで生産性の向上につながり、安全と生産性を両立させることができます。よい製品、信頼できる製品を作り、安全を確保することで、企業の競争力は上がります。企業の競争力は安全にあるのです。

また、安全こそ、これからの新しい時代の価値であるといえます。昔から価値だったのですが、安全であることがあたり前とされ、それを評価し認める風土がありませんでした。しかし、社会がようやく安全が価値であることを認め、お金を払いだしたのです。

企業安全の理念

- 企業は、社会に貢献し、持続的に存続することを目指す
- 安全はコストではなく先行投資である
- 安全と生産性は両立する
- 企業の競争力は安全にある
- 安全は価値である

●——企業トップの心得

企業トップの心得を繰り返します。企業のトップが率先してコミットし、責任を持って取り組み、先行し引っ張ること、これなしには企業の安全はあり得ません。顧客は安心を求めています。したがって、企業はまず安全なものを作り、顧客との信頼関係を長期にわたって作り上げることで、はじめて安全と安心がつながり、企業が信頼をもって社会に位置付けられます。

安全は、安全学が示すように、技術と組織、そして人間が作りなす調和された総合的な文化です。そのため、企業は安全文化を醸成することが必須です。これを通してその企業の価値が高まります。そして、社会からの評判を高めることになり、結果的に従業員が幸せになります。こうしたよい循環が回りだしますので、ぜひ企業として安全文化の醸成に努力していただきたいというのが本章最後のメッセージです。

第4章　構築安全学

本章では、ものづくりの安全をいかに構築するかという「構築安全学」の概要を説明します。構築安全学は技術的な話が中心ですが、安全学という視点から全体的、総合的、統一的に安全を見ていきます。具体例よりは考え方が中心になります。

まず導入部として、安全設計の基本となるISO/IECガイド51に記載されている安全思想、安全規格の体系化、そしてリスクアセスメントの考え方と見積・評価方法について解説します。そのあと各論として、三つのリスク低減方策と安全を構築するための諸技術を紹介します。さらに、新しい安全技術の動向として、協調安全、Safety 2.0、和の安全について、安全学との関係なども含めて解説します。

4・1　安全設計の基本

(1)　製品のライフサイクル

◉ものづくりの安全はライフサイクル全体で

ものづくりの安全をどう創るか、どう作り込むかについて、技術的な面からお話しします。その基本として、製品のライフサイクル、設計から廃棄までの全ての段階において安全を考慮しなければなりません。

製品の安全は、使っているときだけ注意していればよいわけではありません。設計の段階から安全を考え、最後に廃棄して捨てる、リサイクルするならば安全に捨てる、リサイクルできることまで考えておきます。

ものづくりの立場では、製品には生まれてから死ぬまでの過程があります。その全ての過程において安全が大事ということです。全体性をもって安全を考えます。

製品には、まず要求仕様があります。どういうものを作りたいという計画や企画、あるいは、こういう機能がほしいなどです。要求仕様を作成するときに、要求するベネフィットばかり考えると、リスクがあることを忘れがちです。「ベネフィットのあるところリスクあり」と考えつつ、最初の要求仕様を決めます。次は設計です。ハード的な設計をするのですが、今はそのほとんどにコンピュータが入っており、であればソフトウェアが入っているから、信頼性の高いソフトをどうやって作るかという設計もあります。どのように安全な機能を設計の段階で製品に入れるかです。次に、製造する段階。製造が終わったら設置、据え付け、さらに、販売、そして運用。運用するときにも保守・点検・修理という段階があり、そして製品には必ず寿命があります。使用済み後はどうするか。安全に廃棄するにはどうするか、リサイクルはどうするかを、設計の段階で考えておかないといけません。

安全は全ての過程において考えると述べましたが、上流で対応すればするほど効率的・効果的でコスト減につながります。

◉設計の段階で全てのステージに安全確保の配慮を

製品にはいろいろな段階があります。このことをもう一度、順序だてて述べます。事故の未然防止には、製品を設計する段階が一番大事です。製品を設置して運用する段階の安全、これを運用安全といいますが、そこでは事故が起こり得ます。自動車の衝突安全のように、事故が起きても運転手が死なないように、けがが小さくて済むように設計しなければなりません。そして、防災でいうところのレジリエンス、早く再開ができるようにという考え方にも従って、最初から設計しておく。しかしながら、事故が起きたときには事故の調査をして原因を究明し、その結果を運用にも設計にもフィードバックし、これを続けて徐々に安全のレベルを上げていくことが大事です。製品の寿命が尽きて死ぬときも、私は「死に方設計」と呼んでいますが、静かに、安全に止まる設計を最初からしておきます。設計の段階では、これら全ての段階を考えて安全を配

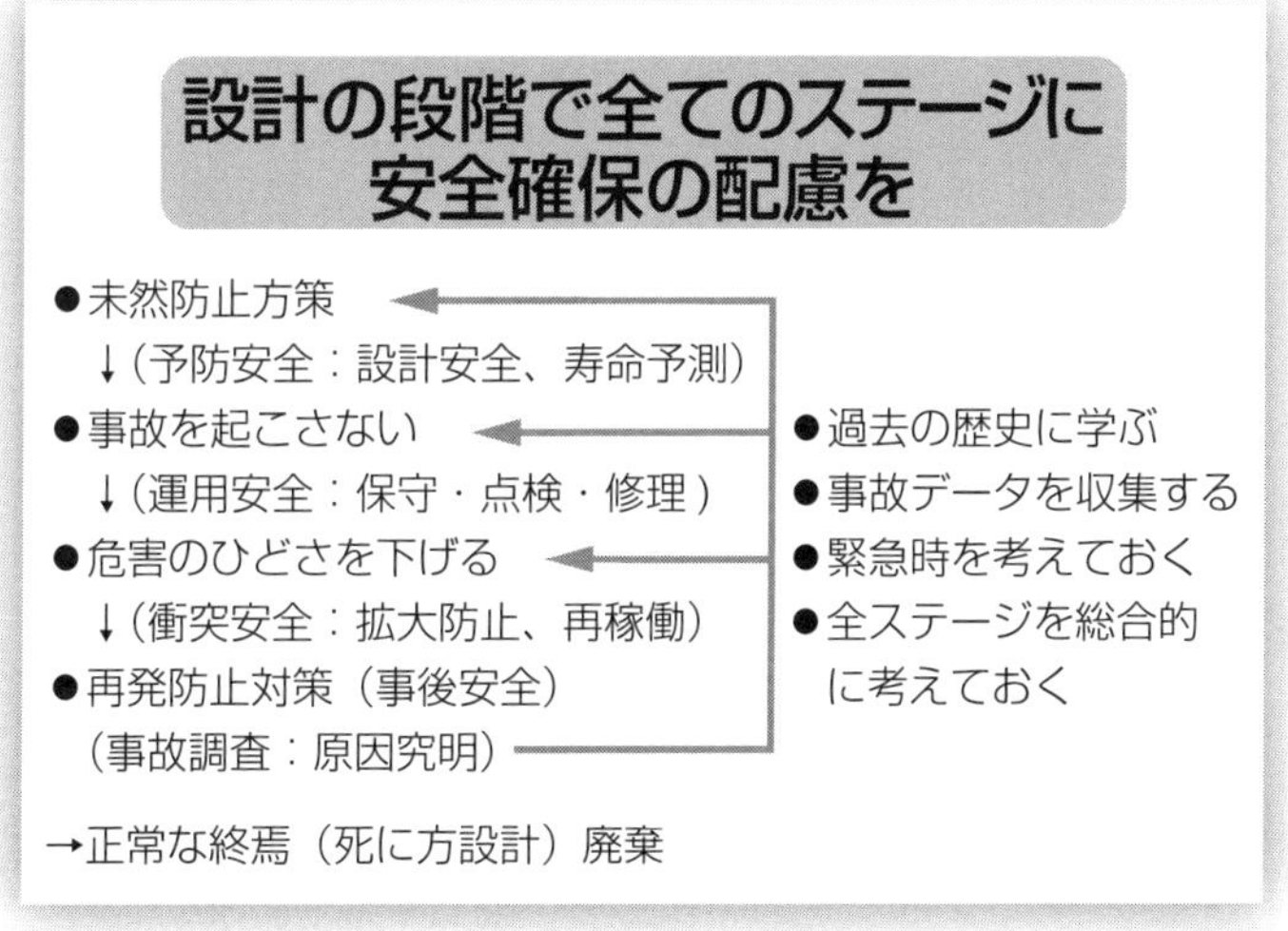
設計の段階で全てのステージに
安全確保の配慮を
●未然防止方策
↓（予防安全：設計安全、寿命予測）
●事故を起こさない
↓（運用安全：保守・点検・修理）
●危害のひどさを下げる
↓（衝突安全：拡大防止、再稼働）
●再発防止対策（事後安全）
（事故調査：原因究明）
→正常な終焉（死に方設計）廃棄
●過去の歴史に学ぶ
●事故データを収集する
●緊急時を考えておく
●全ステージを総合的
に考えておく

慮しなければなりません。設計者は、過去の歴史を学び、事故データも参考にし、緊急時もあり得る、すなわち事故は起こり得ると前もって考えて、その対応も設計時に考えるべきです。

●安全設計における常識

作ってしまってから、また、事故が起きてしまってから、これは危ないというよりも、作る前、事前にきちんと対応しておくことが、安全設計における常識であり、最も大事な考え方です。販売した後で何かするよりも、作る前、販売する前に、安全を設計する。下流よりも上流で対応すればするほど、早く安く効率的に安全が担保できます。

あと一つ、事故になれば被害者が必ず出ます。被害を受ける側より、被害を作る側、けがをさせる側がまず安全を作らなければなりません。製品であれば、**製品をまず安全に作っておいて、次にそれを注意して使うという順番を忘れてはなりません。危ないものを作っておいて、それを人に注意して使ってくださいではない。まず被害を受ける側より与える側に安全を作る義務があるのです。**そういう意味では皆同じで、企業が消費者よりも先に安全を考えなければなりません。力の小さなものより力の大きなものが、優先して方策を考える。安全設計の鉄則です。

（2）安全設計の基本 ＩＳＯ／ＩＥＣの目指すところ

●ＩＳＯ／ＩＥＣガイド51

安全設計の基本に関しては、ＩＳＯ／ＩＥＣガイド51というガイドライン（指針）が出ています。ＩＳＯは世界の標準化機構、ＩＥＣは電気の標準化機構で、両方一緒になって、安全設計のためのガイドラインとしてＩＳＯ／ＩＥＣガイド51を発行しています。

ＩＳＯ／ＩＥＣガイド51は、ＪＩＳ化されてＪＩＳ Ｚ ８０５１（安全側面－規格への導入指針）としても発行されています。規格を作る人が、規格に安全面を入れるために、意識して取り入れてほしい要求事項や推奨事項が書かれており、安全を導入支援するためのガイドラインです。これは非常に有効であり、基本的な考えがここに全部規定されています。図にはISO/IECのダブルロゴとありますが、両方のロゴがついている基本的なガイドですので、安全に関する設計者には、ぜひこの基本を十分に理解していただきたいです。

◉対象が広くライフサイクル全体にわたる安全の基本思想

図に安全設計の基本はISO/IECガイド51にありとありますが、では具体的に何が書いてあるのか。まず、製品のライフサイクル全体にわたって設計の段階から安全を組み込むことが指示されています。設計・製造・流通・使用・保守・解体・廃棄まで含めて全てのライフサイクルで、安全を組み込む必要があると述べています。これは安全設計思想で一番重要な点です。もう一つは、このISO/IECガイド51は、主としてものづくりを対象にしていますが、実は対象の範囲がかなり広く、機械や電気製品、各種の製品も

ISO/IEC ガイド 51

- Safety aspects — Guidelines for their inclusion in standards
- **安全側面—規格への導入指針（JIS Z 8051）**
- 規格の作成者が安全側面を規格に導入するのを支援するための具体的な指針
- ISO/IEC のダブルロゴ
- 1st edition 1990, 2nd edition 1999, 3rd edition 2014
- **安全設計思想の基本は ISO/IEC ガイド 51 にあり**

そうですが、プロセス、すなわちどう作るかも安全の対象になることが述べられています。さらに、サービス、教育なども対象になっています。安全を教育したり、作り上げる要員の話も出てきますし、一般的なシステム、複雑なシステムも含めて対象にしています。これがＩＳＯ／ＩＥＣのダブルロゴを冠しているゆえんです。したがって、非常に広い範囲にわたって、ここで述べている安全の思想は使えます。関係者は、当然設計者もですが、製造の人もこれを知っておく必要があります。サービス提供側、国の政策立案者、規制当局も皆そうです。安全に関して、分野や立場を超えて、統一して全体性をもって理解しよう。そのような意味で、安全の基本がこのＩＳＯ／ＩＥＣガイド51に述べられているのです。

◉ISO／IECガイド51における安全の基本概念

次に、ＩＳＯ／ＩＥＣガイド51には安全の基本概念が明確に書かれています。安全とは何か、リスクとは何かです。

まず、絶対安全は存在しないと明言しています。その内容は、許容可能なリスクがあるかないか、許容可能ではないときは許容可能になるまでリスクを下げる、許容可能なリスクになったときに、はじめて我々は安全ということです。このようにリスクを使った許容可能な概念が書いてあります。そして、人間は間違えるものだと考えると、合理的に予見可能な誤使用という考え方も出てきます。ユーザの誤使用というだけではなく、誤使用しそうなことがわかっているのであれば、メーカはそれに対応しておくことになります。そのための大事な概念がリスクアセスメントです。リスクアセスメントについては4・2「リスクアセスメント」で後述しますが、このリスクアセスメントの考え方、そしてリスクを低減するためには必ず優先順位があるとあります。ハード的に本質的安全設計をやり、次に安全防護を施し、その次に使用上の情報提供、これがその順番です。さらに、安全規格も階層化されています。これについては常識として知っておいてほしい内容ですので、（4）「安全規格の体系化」で述べます。

（3） ISO／IECガイド51における安全思想

◉安全、リスクなどの基本概念の定義

ISO／IECガイド51には、安全とは何かについて書いてあり、「許容不可能なリスクがないこと」と定義されています。安全といっても許容可能なリスクは残っているのです。絶対安全はないのです。そして、リスクという概念を用いて、なるべく合理的、科学的、客観的に安全を定義しようとして、リスクを二つに分解しています。我々に起きたら困ること、すなわち危害が発生する確率と、起きたときの危害のひどさの組合せ。この二つでリスクを定義しています。リスクをいかに小さくするかという手法や、リスクが許容可能かどうかの判定についても記されています。許容可能なリスクについて、「現在の社会の価値観に基づいて、与えられた状況下で、受け入れられるリスクのレベル」としており、ベネフィットを考えてそのリスクを受け入れると認めたとき、それを我々は安全というと定義しています。

一方、人間はミスをしたり失敗したりします。いくらメーカ側が正しい使い方や意図した使い方を情報と

安全、リスクなどの基本概念の定義

- **安全**：許容不可能な**リスク**がないこと
- **リスク**：危害の発生する確率及び危害のひどさの組合せ
- **許容可能なリスク**：現在の社会の価値観に基づいて、与えられた状況下で，受け入れられるリスクのレベル
- **合理的に予見可能な誤使用**：供給者が意図しない方法による製品又はシステムの使用ではあるが、容易に予測できる人間の行動によって引き起こされる使用
- **危害を受けやすい状態にある消費者**：年齢、理解力、身体的・精神的な状況又は限界、製品安全情報にアクセスできないなどの理由によって、製品又はシステムから危害のより大きなリスクにさらされている消費者

して与えても、人間は直感で使ってしまうことがあります。使用者はこうした誤使用を起こさないように注意しなければなりませんが、メーカ側も誤使用を設計の段階で想定して設計するように書いてあります。さらに、２０１４年に改訂され新しくなったＩＳＯ／ＩＥＣガイド51では次のような記述があります。使用者には、高齢者、体の不自由な人、子どももいるので、メーカとユーザでは情報の格差が非常に大きいという事実がある。被害を受けるのは使用者や消費者であり、「危害を受けやすい状態にある消費者」という用語とその定義がされています。年齢、理解力、身体的・精神的な状況で理解が不可能である、または、情報にアクセスすることができないなどの理由から、製品またはシステムから危害を受ける確率が高い消費者の安全を適切に考えて設計することとも書かれています。

◉リスクの要素

リスクの要因である危害の発生する確率と危害のひどさをもう少し分解してみると、図にあるようにいくつかに分けられます。まず危害のひどさでは、小さい被害から大きな被害までありまます。また、危害が起き

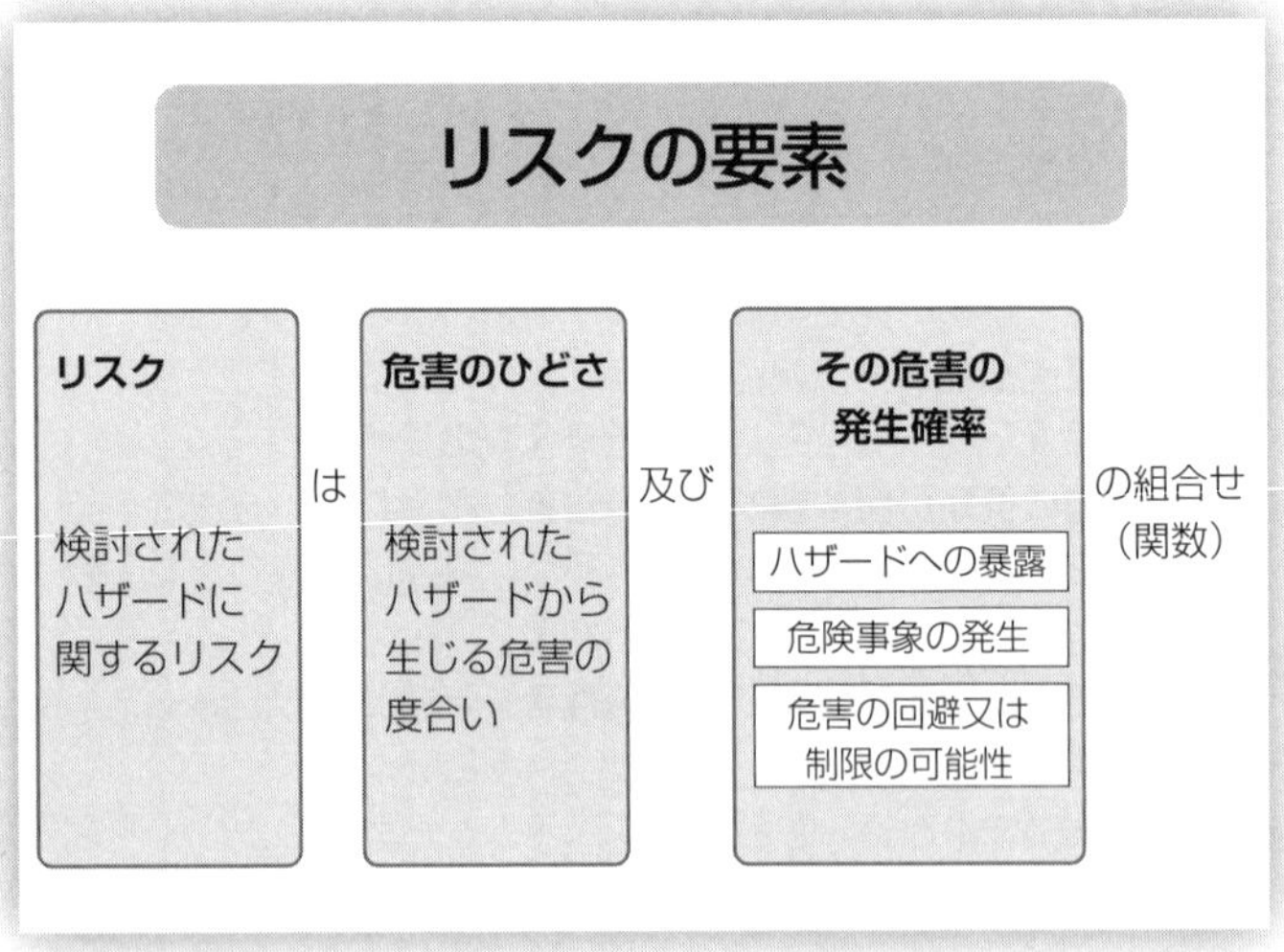

リスクの要素
リスク
検討されたハザードに関するリスク
は
危害のひどさ
検討されたハザードから生じる危害の度合い
及び
その危害の発生確率
ハザードへの暴露
危険事象の発生
危害の回避又は制限の可能性
の組合せ（関数）

る確率を考えると、ハザード（危険源）に人間がどれだけ近づくかの機会、そこでたまたま失敗する確率、すなわち、ものが故障したり人間が間違える確率、危害が生じたときに人間がうまくこの危害を回避し制御する可能性、といったように、どんどん分解できます。ＩＳＯ／ＩＥＣガイド51ではこのようにリスクの構造を分解し、なるべく科学的・客観的に捉え、誰が見ても安全がわかる形に見える化して書かれています。

●ＩＳＯ／ＩＥＣガイド51の基本的精神

ＩＳＯ／ＩＥＣガイド51の基本的な精神は何かというと、設計の段階で予見可能なものはきちんと事故防止のために対策を講じなさい、ということです。あたり前の話です。それから、人が注意して使用することを期待して、最後の安全を人に任せているわけですが、その前に機械設備を安全化する、そして残留リスクを伝え、そのうえで消費者または利用者に危害の回避の協力をお願いすることが規定されています。ＩＳＯ／ＩＥＣガイド51には、これらの考え方が非常に明確に述べられているので、設計者はこの考え方をぜひ理解して設計に活かしていただきたいと思います。

（4）安全規格の体系化

●国際安全規格の階層化構造

ＩＳＯ／ＩＥＣガイド51で特徴的なことの一つに、安全規格を体系化しようという提案が入っていることが挙げられます。

安全規格の体系化は非常に大切な考え方です。機械安全を念頭に置いて、国際安全規格はきちんと階層化されています。次ページの図に示すように、ＩＳＯとＩＥＣという二つの国際標準化組織がありますが、ＩＳＯ／ＩＥＣガイド51の下にＩＥＣは電気系をメインにして、それ以外の機械系などはＩＳＯになり、この二つの組織が規格を作っています。これらの規格は、Ａ規格、Ｂ規格、Ｃ規格、あるいは、基本安全規格、グループ規格、個別の製品規格という呼び方で三層構造になっています。A規格は、安全設計者が非常に重きを置く規格で、一つしかありません。ISO 12100（機械類の安全性—設計の一般原則—リスクアセスメント及びリスク低減）です。ISO／IECガイド51はこのA規格の原則を重要視しており、A規格のもとにB規格が作成されています。B規格はグループ規格ともいい、どの分野、どの機械、どの製品にも使える共通規格です。A規格は基本安全規格、B規格は共通に使える安全規格、その下に、ロボット、自動車、半導体、装置などの個別の規格であるC規格があります。この三層構造のおかげで安全設計の思想が統一できるのです。もし独特の個別の装置があったら、個別の規格を優先してもよいということも記されています。大事なのはISO／IECガイド51の思想であり、A規格におけるこの基本安全規格です。もう一つ、最近重視されてきたのは、B規格の中の機能安全で、コンピュータを使って安全を実現する規格です。

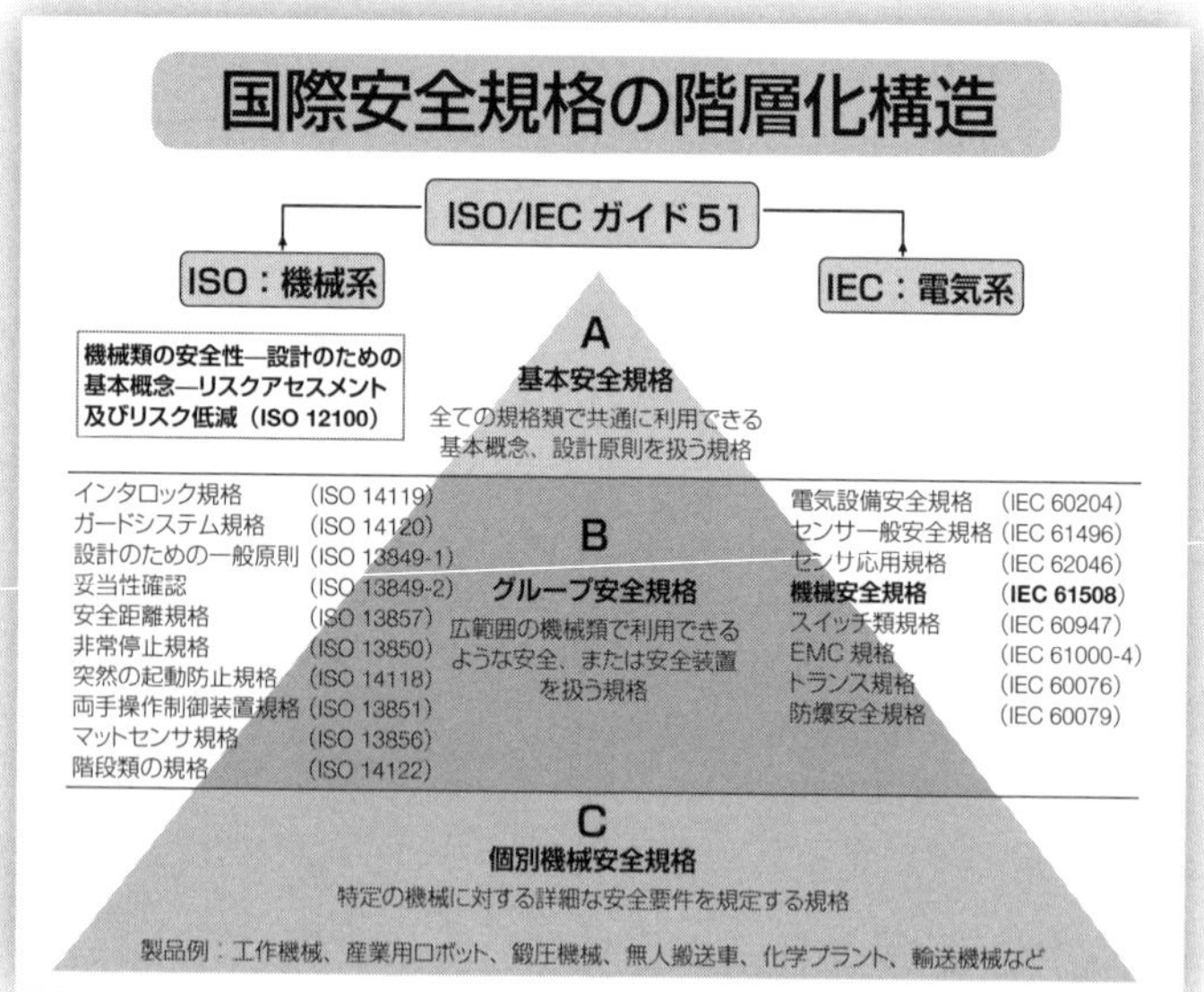

◉規格の三層構造のメリット

規格の階層化のメリットですが、まず挙げられるのは、いろいろな規格に整合性、統一性を持たせられることです。法律を例にとれば、憲法、法律、規則といったように全体的に整合性と統一性を持って体系化されているため、非常に有効な方法と考えられます。次に、全ての機械を対象にできることもメリットです。これまでの個別の機械には安全規格があったとしても、新しい機械ができたがまだ規格ができていない、というケースもあるでしょう。そのときはA規格の思想に則ってB規格を使い、その新しい機械を考えればよいことになります。逆に、C規格はあるけれども、もっとよい安全の考え方や技術ができたというのであれば、C規格に則っていなくても、A、Bに則っていれば新しい安全技術を使ってもよいことになります。新しい安全技術に対してもこうした対応ができるのです。包括的に分野を超えて、様々なものを対象にすることができるので、他の分野でもこれに則って安全の規格の体系化をすることが可能です。

規格の三層構造のメリット

- 全体の整合性、統一性を持たせることができる
- 全ての機械の安全を対象にできる
- 新しい機械も対象にできる
- 新しい安全技術を取り込むことができる

⇒新しい機械、新しい技術に対しては、A、B 規格に則って用いればよい

●知っておくべき国際安全規格

機械安全を中心に作られた規格の中で、知っておいてほしい規格は三つです。一つは先に紹介したＩＳＯ／ＩＥＣガイド51。二つ目はＩＳＯ １２１００で、これはＩＳＯ／ＩＥＣガイド51のもとのＡ規格である基本安全規格です。機械類の安全性と設計のための一般原則、そしてリスクアセスメント及びリスク低減という二つの内容が書かれています。これはＪＩＳ化され、ＪＩＳ Ｂ ９７００となっています。少なくともこの二つは、安全設計者にとって学習が必須です。

三つ目は、ＩＥＣ ６１５０８（電気・電子・プログラマブル電子安全関連システムの機能安全）です。コンピュータを使用し、インターネットを含めた安全を実現しようとする新しい技術がどんどん出てきています。そのときの安全の考え方、特にソフトウェアを含んだ機械の安全性をどうするかについての規格がＩＥＣ ６１５０８です。以上の三つが、知っておきたい安全規格になります。

4・2 リスクアセスメント

(1) リスクアセスメントの考え方

●リスクアセスメントとは

安全設計で最も大事な概念、その一つにリスクアセスメントがあります。リスク、危険性をアセスメントして、すなわち、前もって評価しておいて、大きいリスクから順にリスク低減策を施し、全て許容可能なリスクに到達させる、これを繰り返し行う考え方です。安全設計をする技術者にとって、リスクアセスメントは必須の概念になります。

リスクアセスメントは機械や設備の使用条件を明確にすることから始まります。どういう環境で、誰が、何のために使うのか、使用目的は何か、正しい使い方はどうか、それに「合理的に予見可能な誤使用」も考慮し、これらの条件を明確にします。そうしないと、安全は定義できない。なぜなら、何を安全とするかは、人や場合によって異なるからです。

次に、今作ろうとしている、設計しようとしている、または使おうとしている機械・設備のどこに危険の源、つまりハザードがあるのかを見いだします。そのハザードでどれくらいのリスクが生じるのか、すなわち、どういう確率で危害が起こりそうか、起きたときの危害のひどさはどれくらいかを考えて、リスクの大きさを評価します。そしてリスクの大きい危険源から順に、許容可能なリスクになるまで、リスク低減策を施します。しかし、リスクはゼロにはなりませんから、残留リスクについては使用上の情報として利用者に開示し、後は利用者、使用者に任せるというのが設計者の役割です。

ここまでがリスクアセスメントの過程です[7]。この

リスクアセスメントとは

- 機械・設備の使用条件を明確にして（合理的に予見可能な誤使用も含む）
- 全てのハザード（危険源）を見いだしておき
- 各ハザードごとにその危険性（リスク）の大きさを見積もり
- 大きなリスクを持つ危険源から、そのリスクが受け入れ可能になるまで安全対策を施す
- 残留リスクの情報を開示する
- リスクアセスメントの結果を文書化しておく

事故の未然防止のための科学的、体系的、論理的、網羅的な手法である

7　一般的には、リスクの評価までをリスクアセスメントというが、ここではリスクの低減まで含めてリスクアセスメントとしている。

リスク低減の過程はきちんと文書化して残しておきます。リスクアセスメントは、世界共通の事故防止のための科学的、体系的、論理的、網羅的な発想です。

◉リスクアセスメントの有効性

リスクアセスメントの有効性はある意味ではあたり前であり、これを適正に行うことで労働災害や消費者の事故が少なくなります。それは事前に安全対策を施してあるからです。「この製品は今まで事故が起きていないから安全」という安全と、「事故が起きても危害が小さくなるよう適切に手を打ってあるから安全」では大きく異なります。事前に手を打つ、すなわちリスクアセスメントを実施しているかいないかによって、安全のレベル、深さは違います。

そのほかにも、リスクアセスメントにより対応の優先順位が明確になります。経営者にとっては、どこに予算をかけたらよいかの順番がはっきりします。さらに設計者にとっても、皆で議論し、意識を合わせることが有効であるとともに、危害が発生したとき、設計者は、前もってこれだけやってあったという設計上の説明責任も果たすことができます。一方、現場では、どこにリスクがあるのか、残留リスクについての情報を入手できます。注意する側は、どこに注意すればよいかわからない状況よりも、どこかが明確になっているほうが、対応する心構えも違うし、根拠も明確です。さらに、現場でも意見が出ることがあるでしょうから、作業現場におけるリスクアセスメントは、やはり有効になります。その結果を設計のリスクアセスメントに返していくことができるからです。

◉安全実務者における三つのリスクアセスメント

リスクアセスメントは大きく分けて三つのレベルがあります。一つが、設計者のリスクアセスメント。二つ目はその機械施設を導入、設置してラインを組む生産技術者のリスクアセスメント。これはインテグレータのリスクアセスメントともいえるでしょう。三つ目は、作業者のリスクアセスメント。現場で作業者が機械設備を使っているとき、ここに危ない箇所がある、こういう手段を使おう、これは危ないからもう一回製造か設計者に戻して直してもらおう、といったことです。昔から行われている現場の安全活動、KY活動やヒヤリハット運動などは、おおむね作業者のリスクアセスメントを行っている場合が多いのです。

事故が起きる前に未然防止をするという考え方は皆同じです。ただ具体的な内容は、この三つのリスクアセスメントで若干異なることがあります。大事なのは、常にそこに残留リスクがあり、どう対応するのか、隠さないことも含めて情報をどのように開示するのか、という点は皆共通することです。それを意識して作る側は作り、使う側は使います。

(2) リスクアセスメントの流れ

◉リスクアセスメントの手順

リスクアセスメントには、しっかりと決められた手順があり、これに従うことが重要です。その手順をもう一度詳しく紹介します。

安全実務者における三つのリスクアセスメント

1. **設計者**のリスクアセスメント
2. **生産技術者**(インテグレータ)のリスクアセスメント
3. **作業者**のリスクアセスメント

- 具体的な内容はそれぞれ異なる
- しかし、考え方、手順はみな同じ
- 流れているのは残留リスクの情報

図はＩＳＯ／ＩＥＣガイド51の１９９９年版に出ているリスクアセスメントの手順を示すフローチャートです。最初に、使用条件を明確にする。誰が使うか、どういう環境かなどを確認します。このとき、合理的に予見可能な誤使用を明らかにしておく必要があります。設計の段階または設置の段階でしっかり対応できるようにするためです。これらの条件を明確にしないと、どこまでが許容可能なのかを定義できず、安全が定義できません。次に、各危険源（ハザード）を見つけ、その危険源にどれくらいのリスクがあるかを評価してリスクの大中小を決め、大きいリスクから適切に対応していきます。全ての危険源に対してリスク低減策を施して許容可能となったとき、安全とみなすことができます。この段階ではじめて、設計者はそのシステムを設計でき、製造者は作ってよいことになります。これが概略の流れです。危害が発生してから実施するのではなく、起きる前に対応する未然防止が考えられています。

◉使用条件、及び予見可能な誤使用の明確化

ここに出てくる「予見可能な誤使用」とは、正式に

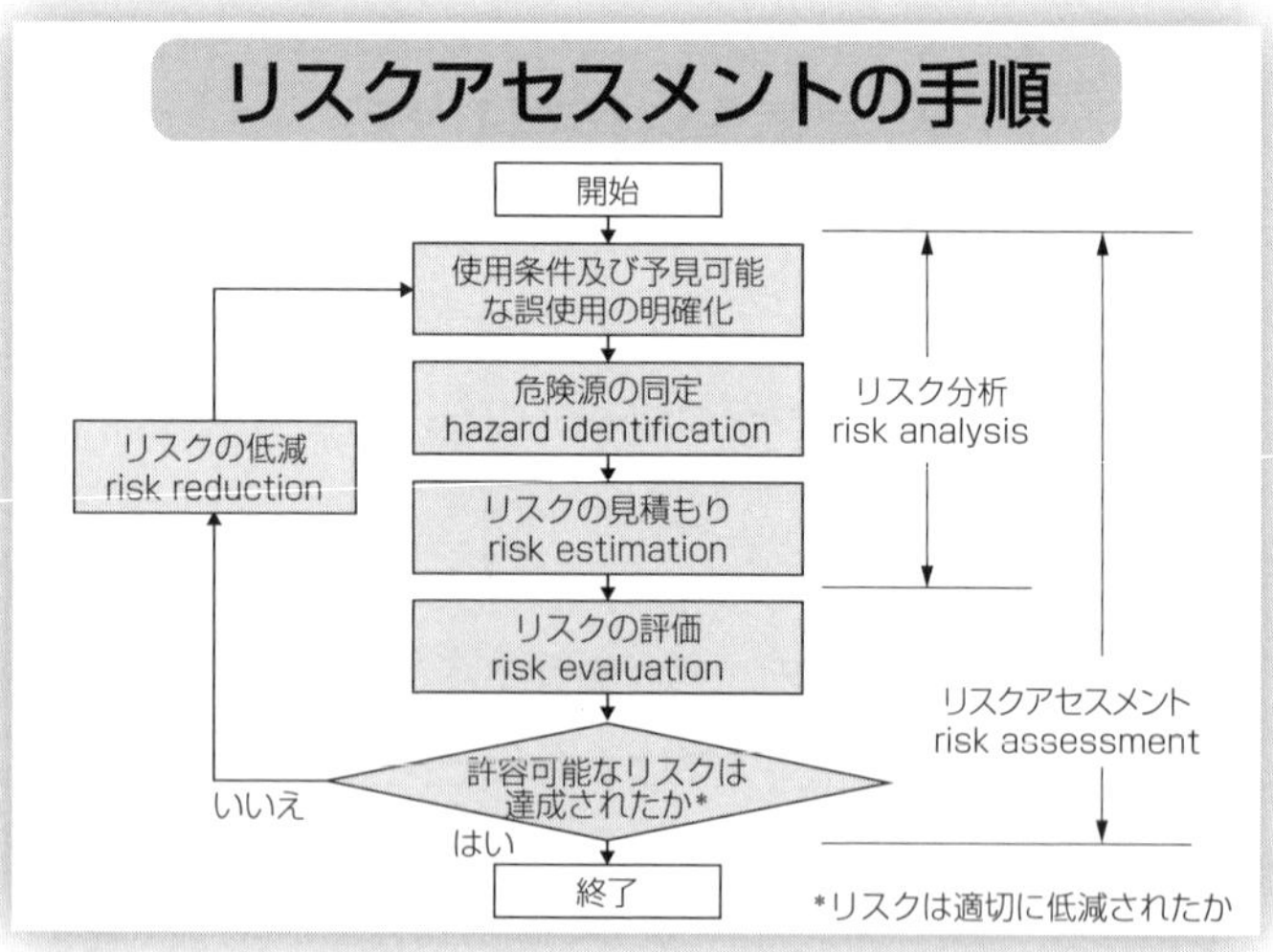

出典　ISO/IEC Guide 51:1999をもとにして作成[29)]

は「合理的に予見可能な誤使用」といいます。設計者が普通に考えて予見できそうな誤使用は、きちんと前もって明確化し、最初から設計で対応するという意味です。また、一般的に使用条件として何を明確にするのかというと、まずは寿命をどれくらいと考えているかです。永久に使えるものはないので、寿命を考えると、いつ前もって手を打つべきか、保守点検をどうすべきかが決まってきます。次に、正しい使用方法や意図する使用方法です。これに従って実施してくださいというマニュアルを適切に作ります。このとき、正しい使用方法はこうだけれども、こんなことをする人もいそうだという合理的な予見可能性のある誤使用を、前もって考えておきます。そのほかにも、いろいろな機械の使用上の制限、要するに大きさや空間のこと、また、誰が使うのか、オペレーターは誰がするかも考慮することは重要です。

◉ハザード（危険源）の種類

使用上の条件を明確にすることで、はじめてハザード（危険源）がどこにあるかを見つけることができます。ＩＳＯ／ＩＥＣガイド51には、ハザードとは危害

ハザード（危険源）の種類

ハザード：危険性又は有害性（厚生労働省）

（1）機械的危険源
（2）電気的危険源
（3）熱的危険源
（4）騒音による危険源
（5）振動による危険源
（6）放射による危険源
（7）材料及び物質による危険源
（8）人間工学の無視による危険源
（9）機械が使用される環境に関連する危険源
（10）危険源の組合せ

の潜在的な源と定義されています。前ページの図は、ＩＳＯ　１２１００の附属書に書いてあるハザードの種類です。厚生労働省ではこのハザードを、化学物質のことも考えて「危険性又は有害性」と表現しています。労働安全衛生法第28条の2にもリスクアセスメントに対応する手順が書いてあります（労働安全衛生法では、リスクアセスメントという英語は使わず、危険性、有害性の調査とその措置となっている）。危険源は機械によっても設備によっても異なりますが、大きく分けると、挟まれたり巻き込まれたりという機械的危険源、感電するなどの電気的危険源、熱い、冷たい、やけど、氷で冷えすぎという熱的危険源、騒音による危険源、振動による危険源、放射性物質による危険源、材料・物質の危険源などがあります。また、人間工学を無視した、作業者に無理をさせる設計も危険源です。それ以外に、つまずきや滑りといった、よくある危険源もあります。具体的な対策には、こうした様々な危険源をしっかりとリストアップしていきます。

（3）リスクの見積もりと評価

●リスクの大きさの評価方法

リスクの見積もり、評価の方法について、その概略を述べます。具体的には皆さんの機械設備について、それぞれの職場で考えていただきたいと思います。

リスクの大きさは、危害の起きる確率と、危害のひどさの組合せです。数字で表すことができればよいのですが、危害の起きる確率にもそのひどさにもあいまいさがあり、さらにその組合せをどう考えるかというところにも問題があります。そこでリスクを数値ではなく、表のように、危害の起きる確率とひどさを組み合わせた大きさを考え、いくつかのクラスに分けて評価する方法があります。

●危害の発生確率

危害の発生確率を、ここでは6段階に分けてみました。数が小さいほど発生の頻度が低いと考えることにします。ランク1は考えられないほど低く、ランク2はまず起こり得ない、というくらいの頻度。ランク3は、起こりそうにないけれども、もしかしたら起こるかもしれないくらいの頻度。ランク4はときどきは起きるという程度です。ランク5はしばしば起きる程度で、ランク6は頻繁に起きる、とします。定量的に1年間で何件起きるかを確率の数値で表せる場合もあり、そうした数字が出ればありがたいのですが、一般的にはこのように定性的に表現しています。表では、定量的な例を右欄に示しています。

●危害のひどさ（程度）

危害のひどさにもあいまいさがあるので、ここでは4段階に分けてみます。ランク1は軽微なもので、誰も気にならないレベルのひどさ。絆創膏を貼れば終わりという程度です。ランク2は中程度で、病院に行って手当てを受ける必要がある、通院加療という程度です。ランク3は重大で、後遺症が残る、重傷という程度です。そしてランク4は致命的なもの。亡くなってしまう、後遺症が何年も、あるいは一生残ってしまう、という致命的なものとなります。

危害の発生確率

ランク	定性的な表現	定量的な表現(例)　件/年
1	考えられない (incredible)	10^{-7} 以下
2	まず起こり得ない (improbable)	10^{-6} 以下〜10^{-7} 超
3	起こりそうにない (remote)	10^{-5} 以下〜10^{-6} 超
4	ときどき (occasional)	10^{-4} 以下〜10^{-5} 超
5	しばしば (probable)	10^{-3} 以下〜10^{-4} 超
6	頻発 (frequent)	10^{-3} 超

◉リスク表

Aの1から4が危害のひどさ、Bの1から6が発生確率（頻度）、この両者の組合せでリスクの大きさが決まります。

リスクの大きさは、四つのランクに分けました。1は無視可能なリスク、誰も気にしないリスクです。2は許容可能なリスク、これはベネフィット、利潤や便利さを考えれば仕方がない、受け入れよう、我慢し、自分で責任をもって安全を確保しようという許容可能なレベルのリスクです。この二つは安全です。一方、3の受け入れられないリスクとは、危ない、近寄れないというものです。4は全く受け入れられないリスク、とんでもない、こんなものは作ってもいけない、というレベルです。

この表では、AもBも数が大き

危害のひどさ（程度）

ランク	定性的な表現	人に対する危害
1	軽微（negligible）	軽傷
2	中程度（marginal）	通院加療
3	重大（critical）	重傷、後遺症
4	致命的（catastrophic）	死亡

リスク表の例

B
頻度（縦軸）
1：考えられない
2：まず起こり得ない
3：起こりそうにない
4：ときどき
5：しばしば
6：頻発

B＼A	1	2	3	4
1	**1**	**1**	**1**	**1**
2	**1**	**1**	**2**	**2**
3	**1**	**2**	**2**	**3**
4	**2**	**2**	**3**	**4**
5	**2**	**3**	**4**	**4**
6	**3**	**4**	**4**	**4**

A
危害のひどさ（横軸）
1：軽微
2：中程度
3：重大
4：致命的

C　リスクの大きさ（表中）
1：無視可能なリスク
2：許容可能なリスク
3：受け入れられないリスク
4：全く受け入れられないリスク

くなるとひどいほうになり、その数値の大きさに従ってリスクも大きくなります。数学的には、単調増加という性質を持っていることになります。ある組合せのマス目に入るリスクの大きさを4にするか3にするかは、基本的には皆の価値観に基づいて合意したうえで決めます。例えば、危害のひどさが非常にひどい4という右端の縦のラインについて見てみます。頻度がほとんど起きないという1の場合にリスクは1に、2ぐらいの頻度であれば許容可能なリスク2にしています。しかし頻度が3のレベルでは、これはもうだめでリスクとしても3、そして頻度が4以上では、とんでもないリスクとして4にしています。リスクレベルの大きさの割り当ての考え方は、条件などにより異なるため、この表はあくまで一つの例です。表によって、リスクを見える化しているわけです。そして例えば、この3のところに来たリスクに対しては、許容可能なリスク2にするために発生確率を1段階下げるか、ひどさを抑えるかという手段を、リスク低減策で施されなければいけないことが、この表から見てとれます。

4・3　安全技術の基本

(1)　リスク低減策

◉スリーステップメソッド

リスクをいかに減らすか。安全設計技術者にとって最も大事なのはリスク低減方策です。その中で中心にあるのがスリーステップメソッドです。一般の方にはあまり知られていないかもしれません。

リスクをどういう順番で低減すべきかについて、スリーステップという考え方があります。最初のステップは本質的安全設計といい、始めからそこに危険源がないように、あっても危害のひどさが小さくなるように設計すること、言い換えれば本体そのものを安全にすることです。例えば、毒物を使う場合は、毒性が弱いものを使う。エネルギーが大きなものだと大きい事故になるので、小さくて問題なければエネルギーを小さくする。挟まれそうなら、最初から挟まれないように狭く作る。落ちそうなものが上にあったら、始めから下に置いておくなど、本質的な安全設計を適切に行います。それでもリスクがゼロにはなりません。

次のステップは、ガードなどの安全防護柵、ライトカーテンなどの保護装置の設置、付加保護方策である非常停止装置の設置といった、安全防護及び付加保護方策です。危険源に近づけさせないよう柵を作る、人間が危険源に近づいた場合はセンサーで感知して止めるなどの保護装置を付けることです。それでもリスクはゼロになりません。

そこで、三つ目のステップで、使用上の情報によるリスク低減を行います。ここにはどういう危険源があり、ここまでリスクを低減したが、残留リスクがある、という情報を使用者に渡します。設計者側は必ずこの三つのステップの順番でリスクを下げなさいというのが、スリーステップメソッドです。その後で、使用上

スリーステップメソッド

（1）本質的安全設計によるリスクの低減
（2）安全防護対策（安全装置等）・付加保護方策によるリスクの低減
（3）使用上の情報の提供によるリスクの低減

↑設計製造側の役割　↓作業者の役割

＊訓練、個人防具、組織・体制・管理によるリスクの低減

の情報に基づいて、使用者や作業者が自分で注意し、必要ならば自分で勉強する、訓練する、個人用保護具をつける、といった対応をとることになります。

◉なぜスリーステップメソッドの順番が重要か

なぜ、スリーステップメソッドは、1番に本質的安全設計、2番に安全防護及び付加保護方策、3番に使用上の情報の順番で検討しないといけないのでしょうか。本質的安全設計、安全防護及び付加保護方策を検討せずに、使用上の情報、注意書き、マニュアルで全部注意する、使用者、消費者に安全確保を全部任せてしまうということはやってはなりません。3番目の使用上の情報はユーザ、使用者に注意を委ねることです。しかし、人間は間違える生き物ですから、それは大変危険で、リスクを避けられない可能性があります。そのため、人間に委ねるのは最後となったのです。

安全防護及び付加保護方策を最初にやる、あるいはそれだけをやるのではなぜだめなのでしょうか。実は、本質的安全設計を検討せずに、安全防護及び付加保護方策から始めるやり方は、かなり多く行われています。しかし、本質的安全設計、すなわち本体を安全にすることを考えずに、作ってしまってから危ないと知って保護装置をつけるのは間違いです。その前に本体そのものを安全にしなければなりません。また、保護装置を付ければ安全なのかという問題もあります。保護装置は故障することもあるし、作業の現場ではじゃまだといって取り払ってしまうこともあるからです。「保護装置を殺す」と言いますが、無効化してしまうわけです。そのため、安全防護及び付加保護方策は2番目になっています。最初に実施するのは本質的安全設計です。はじめからそこに危険源がないように作っておけば、人間が間違えても、保護装置が故障しても、安全ということになります。

◉リスク低減の順番

例えば、労働災害のリスク低減の順番は、設計者、設置者、ラインを組む人は、まずリスクアセスメントを適切に行い、リスク低減方策を施します。リスク低減方策は、スリーステップメソッドの本質的安全設計、安全防護及び付加保護方策、そして使用上の情報の順番で行います。リスクはどんどん下がっていきますが、ゼロにはなりません。そこで、残留リスクの情報を作業者、使用者に渡します。

作業者や使用者は自分で組織を組んで、一緒に訓練する、勉強をする、個人用保護具をつけるなどを行います。この場面では順番は関係なく、一緒にこれらを行って作業をします。そこで得られたヒヤリハットや有用な情報は、設計者側、またはラインを作る側にフィードバックすることになります。

この図には二つの大事な順番が示されています。一つは、利用者・使用者が安全に注意して使う前に機械などの施設設備側を安全にしようということ。もう一つは、施設設備側を安全にするスリーステップメソッドという順番があるということ。この順番を守ることは極めて重要で、安全設計者はこのことを念頭に置い

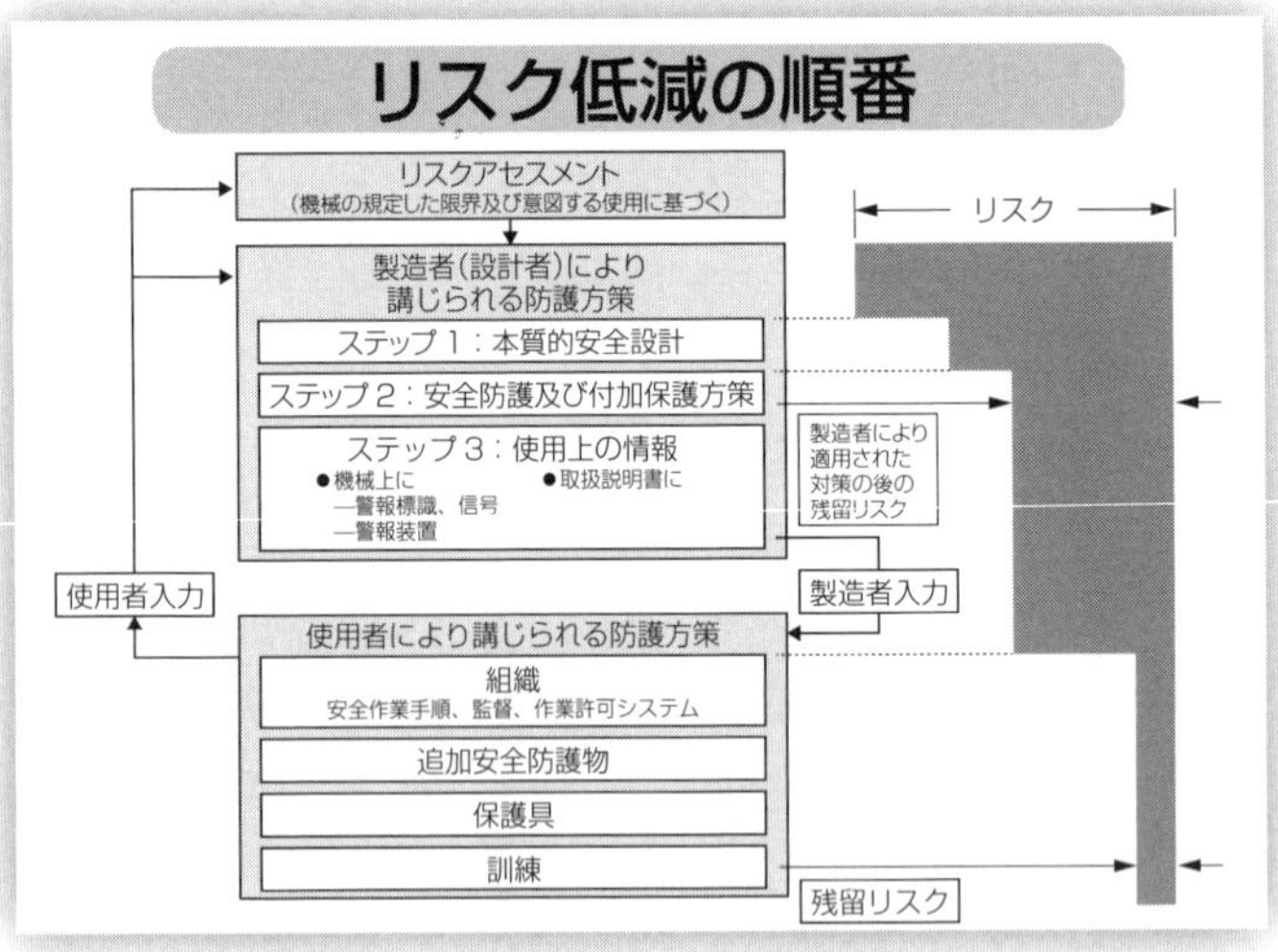

出典　JIS B 9700:2013 図 2 をもとにして作成[27)]

て検討しなければなりません。

（2） 本質的安全設計

◉本体そのものを安全にする設計

安全設計におけるリスク低減方策のスリーステップメソッドで、最初に行うのが本質的安全設計です。

本質的安全設計とは第一に、はじめから危険源がないように設計することです。機械的な危険源、例えばとがっていて危ない場合は、形を丸くしてけがをしないようにしておく、挟まれないようにはじめから狭く作っておくといったことです。

それだけではなく、危険源のエネルギーを下げて、事故が起きても危害のひどさを小さくするように設計したりします。危険源でエネルギーが大きいと大事故につながるので、エネルギーが小さくて済むのなら小さくして事故のひどさを抑えます。

また、信頼性が高く壊れないように作っておけば、修理や検査の頻度が減ります。そうすれば、危険源に人間が近づく機会も減るため、事故の確率も減ります。危険源に人間が近づかなくて済むような構造にして、信頼性を高く作ることも本質的安全設計です。**保護装**

本質的安全設計

（1） はじめから危険源がないように設計する
（2） 危険源のエネルギーなどを下げて事故が起きても危害のひどさを小さくするように設計する
（3） 危険源に人間が近づかなくて済むように設計する
（4） 修理等の非定常作業をしなくて済むように信頼性を高く設計する

＊安全装置等の付加的装置なしで本体で安全機能を果たす

置を本体に付加して安全にするよりも、本体そのものを安全にする、これが本質的安全の考え方です。

●構造による安全設計

本質的安全設計にはいろいろなパターンがあります。少し凝った例ですが、ポジティブモードで結合する制御機構に対する本質的安全設計の一つの例を紹介します。図は、ドアを閉めるとロボットや機械が動き出し、ドアを開けると止まるという安全な構造にするための作り方です。ドアが閉まってカムの穴のところにプランジャー[8]が入ってくると電源がつながり、電気が流れてロボットや機械が動く状態になります。人間が外に出てドアを閉めると動きだします。大事なことは、ドアを開けて止まらなければいけないときにどうするかです。開けるとカムが回転することでプランジャーが穴から出て、電気接点を切ります。ドアが開いたときに、強制的に電気接点を開く（切る）ことになります。要するに、カムが穴から出てプランジャーを通して強制的に電気接点を押して電源を切ることになり、ロボットや機械は止まります。故障で、この接点が溶着して離れないときには、ドアが開かないこと

構造による安全設計

ポジティブモードで結合（機械的構成部品が直接、または剛体要素を介して他の機械的構成部品に連動させる）

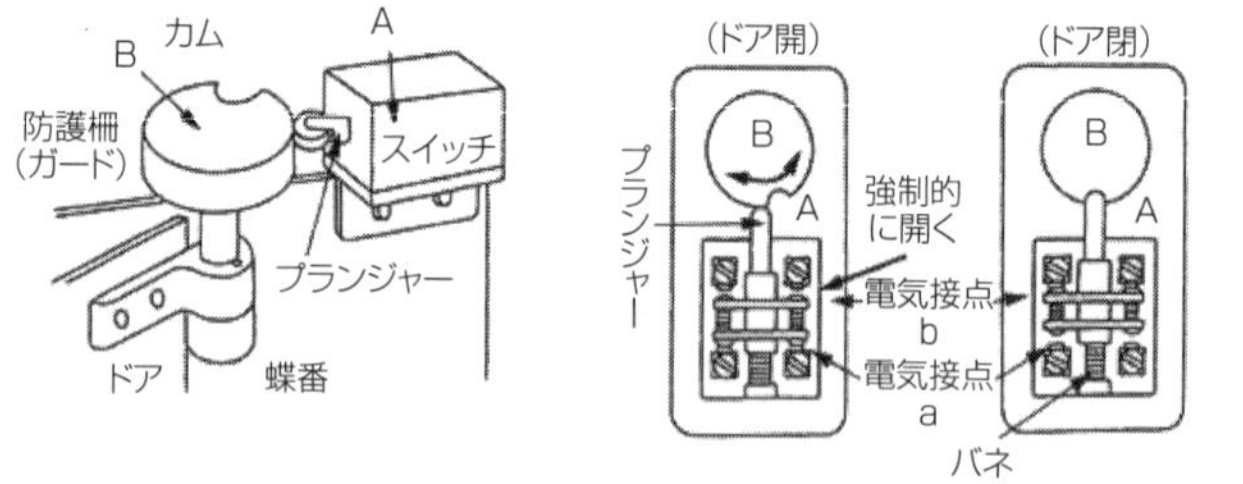

出典　(社)日本機械工業連合会編，向殿政男監修(1994)：ISO“機械安全”国際規格，日刊工業新聞社[30)]

になります。こういう作り方をポジティブモードで結合するといいます。ドアを開くというポジティブな力（プラス）を電気接点を切る力（プラス）にする、すなわちポジティブに伝達するという考え方、これがポジティブモードの結合です。このような構造を作っておけば、安全は本質的に実現できるという例です。この例は、制御機構の中に本質的安全設計を入れるという、少し凝ったものです。こうした考え方が、ＩＳＯ１２１００（ＪＩＳ Ｂ ９７００）に例がたくさん出ているので、安全設計者は具体的に本質的安全設計を勉強してほしいと思います。歴代の安全技術者が、歴史を経て勝ち得たアイデア、知恵の集合と考えてください

(3) 信頼性と安全性

●信頼性と安全性の違い

安全の設計では、信頼性と安全性という二つの概念と、その違いを考慮しなければなりません。

壊れにくいように作るというのは信頼性の考え方です。信頼性を高く作ると壊れないから人がけがをしない、こう考えると、信頼性を高く作れば安全性も高まることになります。ですから、安全性の機能は信頼性を高くすれば実現できるという人がいますが、それは間違っています。**信頼性と安全性は根本的に異なる概念です。安全性は、人がけがなどをしないようにということです。**信頼性は、機能を持ち続けるようにすることです。信頼性は、いつか機能を失ってしまった後にどうなるかをあまり考えていません。なるべく長く機能が続くように、稼働し続けることを狙っています。一方、安全性は機能を発揮できなくなったときにどうするかを考え、そうしたときにも安全に作りましょうという意味です。信頼性を下げても安全を高めるこ

8　プランジャーとは、棒の後ろにばねが内蔵されていて、棒の先端が穴や溝に入ると、ばねの力でその穴や棒が入りこむ構造の部品。位置を決めるためなどに使われる。

とは可能です。例えば、新幹線で安全が確認できていないので止めようとなったとき、機能が維持し続けているかというと、止めてしまうわけですから信頼性は下がります。しかし、止めることによって安全性は確保されます。信頼性を下げて安全性を高めることは、世の中にはあり得るのです。信頼性と安全性は本来異なる概念であることを理解してください。

◉確率安全と構造安全

安全設計においては信頼性と安全性の二つが重要です。両方を一緒にやらないと、安全確保は実現できません。安全とは何かというと、リスクを許容可能なところまで下げることです。リスクとは何かというと、危害の発生確率とひどさの組合せです。故障する確率は、信頼性を高く作っていけば減ります。これは、信頼性技術です。しかし、いつかは壊れてどうなるかわからない、そういう意味で確率的に安全を担保する考え方は、確率安全といわれる分野です。一方、構造安全は、構造上壊れたら止まる、人が何かやろうとしても何もできない、構造的に事故が起きないようにしておきます。安全性技術はこちらを追求している例が多

信頼性と安全性の違い

- 信頼性と安全性は本質的に異なった概念
- 信頼性は、いかに機能を持続させるかで、機能を失った後の状態は問わない
- 安全性は、機能を失った（故障した）後の状態を問う
- 信頼性を下げても安全性を高めることはあり得る（危ないときは止める）

くあります。構造安全は、危害のひどさを小さくする面があります。安全性の確保にはこの二つの考え方があり、リスクを下げるにはこの両方を考えなければなりません。

●安全設計の考え方

復習しますが、危害のひどさを小さくするのは、構造的に安全にする構造安全です。これには、壊れたら必ず安全側に壊れるフェールセーフの構造や、人間が間違えたら止まる、あるいは間違えられないようにしておくフールプルーフの構造があります。

危害の発生確率をどう下げるかは、信頼性を高くして壊れないように作ることです。二重系や三重系という、これがだめならほかでカバーするという機能をいかに維持するかで、多重系とかフォールトトレランスといわれます。これが確率安全です。

この二つ、構造安全と確率安全の両方を一緒に考えないといけません。時には、構造を重視するのか、高信頼性を重視するのかのコンフリクトが発生します。しかし、安全設計を行う人は、構造安全と確率安全をどううまく融合するかが課題になります。構造安全

安全設計の考え方

構造安全

- 機械設備が故障しても安全側になる
  …フェールセーフの構造
- 人間が間違えても大事には至らない
  …フールプルーフの構造（コンフリクトはあり得る）

確率安全

- 信頼性を上げることで安全性を実現する
  …多重系、フォールトトレランス、多重防護の構造、数量化、機能安全

両者の融合が必須

は主にISO 12100の中に、確率安全はIEC 61508に詳述されています。

（4）安全防護及び付加保護方策

◉安全防護

スリーステップメソッドの2番目は安全防護及び付加保護方策です。

安全防護は、安全防護物を使用することで安全を実現しようとする考え方です。本質的安全設計で合理的に除去できない危険源、あるいは十分に低減できないリスクから、人をどう保護するか。安全防護物とは、本体に付加的に取り付けるものによって、安全を実現するものです。安全防護には、大きく分けてガードと保護装置の2種類があります。

◉ガード

ガードとかカバーは柵や囲いのことで、危ないものに近づけさせないために囲ってしまうこと、これが基本概念です。安全の原則からいうと、隔離の安全・停止の安全という考え方があり、隔離の安全は、機械から隔離しておけば人間はけがをしないから安全である

> **安全防護**
>
> ●スリーステップメソッドの２番目のリスク低減方策
> ステップ１：本質的安全設計方策
> **ステップ２：安全防護**及び付加保護方策
> ステップ３：使用上の情報
>
> ●**安全防護**：本質的安全設計方策によって合理的に除去できない危険源、または十分に低減できないリスクから人を保護するための**安全防護物**の使用による保護方策
>
> ●安全防護物には、**ガード**または**保護装置**がある

と考えます。囲うことがガードの本質です。人間の接近を禁止することが目的ですが、それだけではありません。

例えば、中で動いているロボットがものを飛ばした、材料や流体、熱い物体が飛んでくる、騒音がひどいというように、様々な障害に見舞われる可能性があります。それらから人間を物理的にバリアで保護するのがガードです。ガードにはいくつかの種類があります。最も典型的なガードは固定式で、完全に囲ってしまうものです。ただし、中に入ることができないと困るので、施錠をして、開くときには特殊な工具を使用しないと開かない、簡単には開けられない構造にしておくのが固定式ガードです。

しかし、固定式ガードばかりでは不便だ、電源を切れば中に入ることができる場合は、すぐ入れるようにしておいたほうがいいということもあります。これは可動式ガードといい、特殊な工具なしで開閉可能です。

停止の安全とは、止まっていれば人は中に入ることができ、動いているときは絶対に入れないということです。ガードを開くと自動的に電源が切れ、機械が止まる構造が必要になります。ガードを閉めれば電源が

ガード

- 危ないものは「囲む」、近づくときは「止める」
- 「隔離の原則」「停止の原則」に則る
- 物理的なバリア…人間の接近を禁止、放出される恐れのある材料、流体、騒音、放射等を封じ込める囲いのこと
- ガードの種類
  - 固定式ガード…開錠には工具が必要
  - 可動式ガード…工具なしで開閉可能
  - インターロック付きガード…ガードを開くと機械は起動しない、ガードを閉じると機械は起動する
  - 施錠式インターロック付きガード…施錠装置を備えたインターロック付きガード

入って、再び機械が動き出します。これをインターロック付きガードといいます。さらに、インターロック付きガードでも簡単に開けられては困るときには、施錠して鍵を開けたときに開く施錠式インターロック付きガードもあります。

●保護装置

安全防護には、もう一つ保護装置があります。安全装置のことです。センサーで検出して危なくなったら止める、人が来たことを知らせるなどは安全装置です。安全装置の正しい機能によって実現される安全機能が、安全装置に託されている役割です。この装置が壊れては困りますから、高信頼に作ることが保護装置にとっては大事です。

しかし、人間はついうっかり、または面倒などの理由から、保護装置を取り払ってしまうことがあります。無効化といいますが、保護装置は無効化されないようにしなければなりません。無効化したら本体が止まる構造にしないと、保護装置が十分に機能しないことになります。一般的に保護装置は、光センサーで人がいたら止める、人がいなくなったとき動くという制御装置と関連して動いています。その中には、人が入ったかを検出するものや、中に人がいるかいないかの侵入・存在検知装置など、いろいろな種類があります。

制御装置には、スイッチを押しているときだけ動くことを可能にするイネーブル装置、押しているときだけ動き、離すと止まるホールドツゥラン制御の装置のように、人間が見ながら、危ないときは止め、安全なときは動かす装置があります。そのほかに、両手操作制御、つまり片手操作できないように両手で押しているときだけ動き、離したら止まる装置があります。例えば、プレスなどは手を入れて指を切断したりする可能性がありますが、両手で操作すれば手は間違いなくプレスのところにないので、そうしてはじめてプレスのスライドが下りてくるというつくりです。

侵入・存在検知装置の中には、ライトカーテン、レーザースキャナ、圧力検知マットなどがありますが、これらは全て保護装置の一つです。

◉付加保護方策

スリーステップメソッドの2番目の付加保護方策とは要するに、安全防護だけではうまくいかない、本質的安全設計でもうまくいかない、そういうときに、付加的に設置するハード的な保護方策のことです。パターンは二つあり、一つは、危険状態が起きてしまった後に使用する非常停止ボタンなどです。貯まったエネルギーを放消散する、エネルギーを遮断する、中に閉じ込められてしまった人を救助する、などの方策も付加保護方策です。もう一つは、一般的に機械設備を取り扱いやすいように道具をつける、接近するのに便利な通路を作る、階段やハシゴをつけるなどといった付加保護方策があります。

(5) 支援的保護システム

◉機械設備のリスク低減でICT機器を利用する二つの方法

本質的安全設計には属さないのですが、ICT（情報通信技術）の機器を用いて安全を確保する新しい考え方が用いられるようになりました。これには、ICT機器をスリーステップメソッドの第2ステップである安全防護方策として用いる場合と、第3ステップの作業や管理をしている人にICT機器を用いて直接通信をして機械と人間とが協力してリスク低減を行う支援的保護システムとがあります。今後は、従来のリスク低減方策に加えて、これらICT機器を用いたリスク低減方策が盛んに用いられると考えられます。

機械設備のリスク低減でICT機器を利用する二つの方法のまず一つ目は、安全防護（ガードまたは保護装置）の代替として使用する方法（高機能安全装置）があります。次ページの図で①と記したものです。これは、リスクアセスメントに基づくリスク低減方策である安全防護物と同等の安全性と信頼性を持つICT機器をスリーステップメソッドのステップ2として適用する方法で、安全防護物の代替としてICT機器を使用する場合に相当します。

二つ目は、スリーステップメソッドを適用した後に使用する方法で、支援的保護システムとも呼ばれています。図で②と記したものです。リスクアセスメントに基づき、スリーステップメソッドである本質的安全設計方策、安全防護及び付加保護方策により低減された残留リスクに対して、作業現場で行う人による災害防止と適切なＩＣＴ機器の組合せによって実現される支援的なリスク低減方策です。当然のことですが、適用にあたって、すでに実施されているリスク低減方策や安全管理対策などの代替として使用してはなりません。

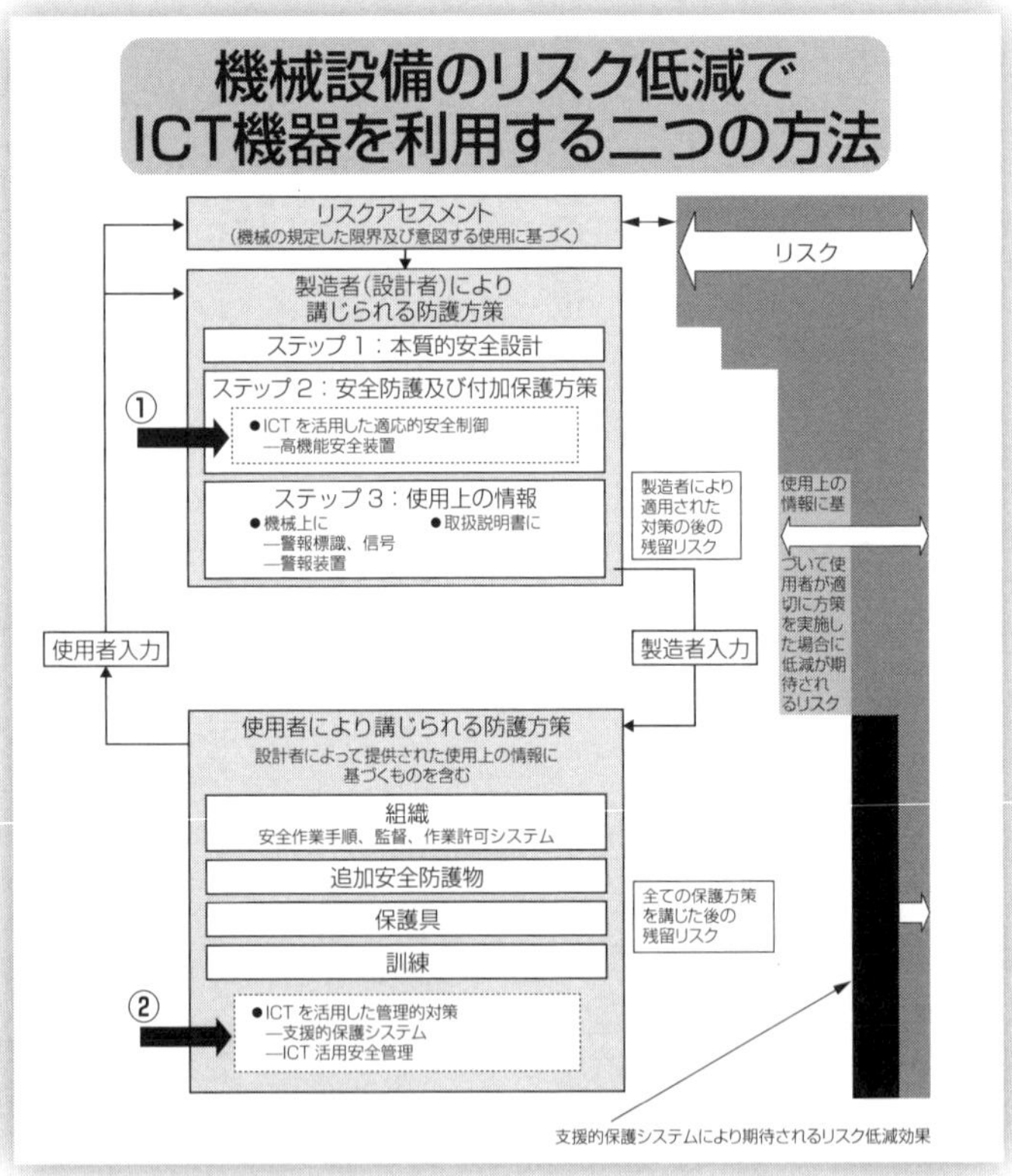

出典　JIS B 9700:2013 図 2 をもとにして作成[27)]

◉支援的保護システムの活用

リスクとは、図に示すように危害のひどさと危害の発生確率の組合せでしたが、**支援的保護システムは、ヒューマンエラーや意図的な不安全行動を防ぐことで、危険回避や制限の可能性を高めて危害の発生確率を下げ、リスクの低減に貢献します。**例えば、ヒューマンエラーや意図的な不安全行動を防止するために、ＲＦＩＤ[9]システムとステレオカメラを組み合わせた支援的保護システムを入退出ゲートで利用する場合を考えてみましょう。ＲＦＩＤタグを持たない作業者がＲＦＩＤタグを保持する作業者に接近して入退出する共連れという行為がときに意図的に行われますが、ステレオカメラを利用して入退場の人数確認を行い、入退場数の不一致確認を行うことで危険側エラーを検出することができます。ただし、ＩＣＴ機器の組合せに関しては、それぞれのＩＣＴ機器の故障などで危険になってしまう危険側エラー事象があり得ますので、それらを考慮してシステムを構築する必要があります。

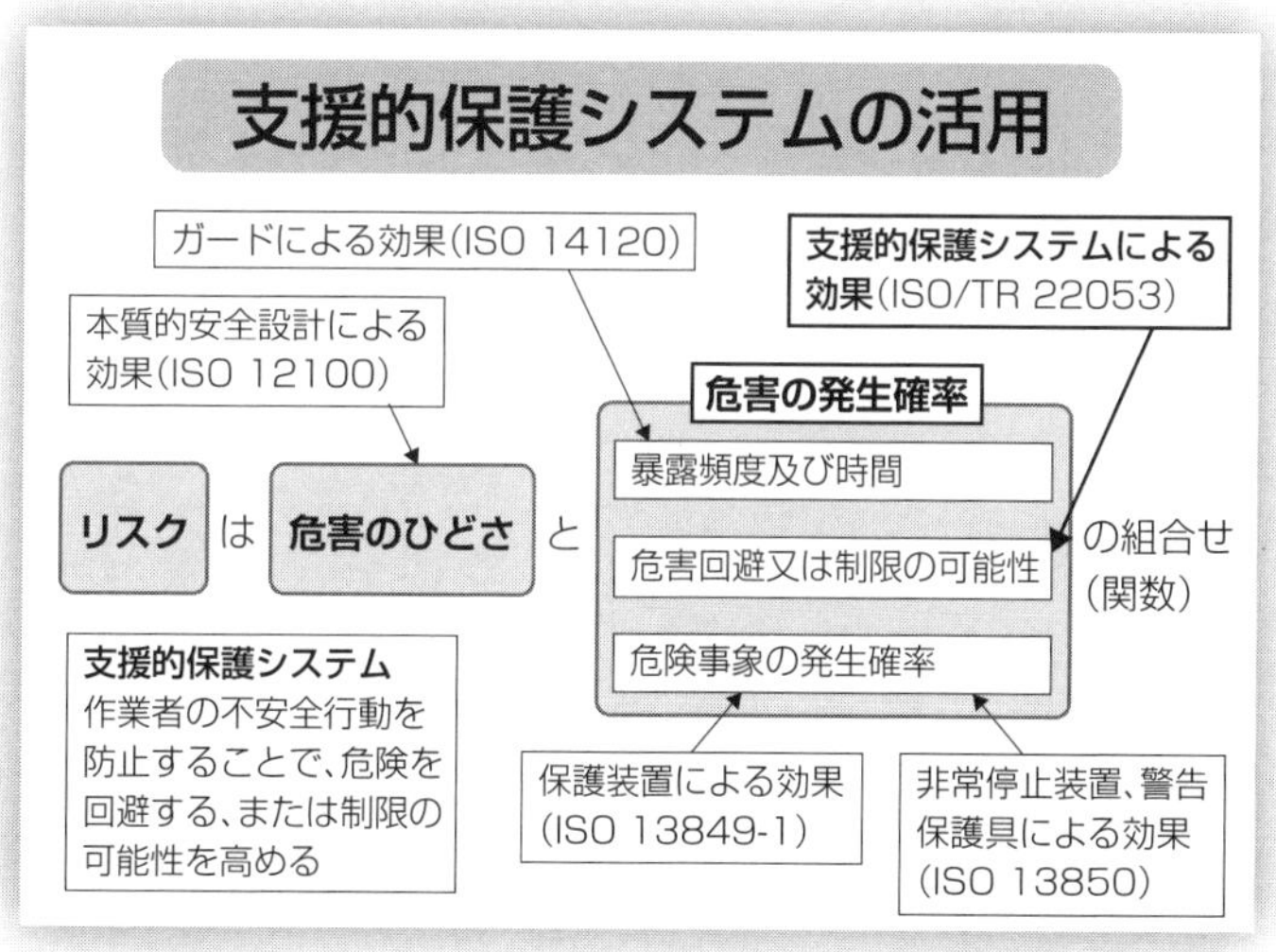

9　ＲＦＩＤとは、Radio Frequency Identification の略で、タグやカード状の媒体にＩＣと小型アンテナが組み込まれていて、電波を介して情報を読み取ることや書き込むこともできる非接触型の素子のこと。

(6) 安全制御

◉システムによるリスク低減

安全制御は、スリーステップメソッドのステップ2のリスク低減方策で、安全な方向に制御する、または安全状態を維持するように制御するという考え方です。一般的に制御システムの役割は何かというと、インプットがあって、入力信号に応答して制御対象を意図した方向に持っていったり、機能させたりするための出力を出すことです。

安全制御システムの場合、システムを安全に制御するまたは安全性を監視することが目的になります。全体のシステムの中には、本来の機能を果たすシステムもありますが、ここで述べる安全制御システムは、安全を実行する制御システムで、安全関連系または安全関連部などといわれるものの一つです。本当に人が挟まれそうになったときは、機械的に止めるのも安全制御の一つですが、最近ではコンピュータを使って検知し、危ないときは前もって止めるという構造が主流になりつつあります。

◉安全制御システムのレベルの決定法

安全に制御される対象にも、いろいろな危険のレベルがあります。本当に危ないので高信頼に壊れないようにしないといけない場合、少しくらい壊れても大した事故にならない場合、対象物としてはいろいろなものがあるはずです。人がけがをする、死亡する事故が起き得るケースでは、安全制御システムを相当高信頼に作らないといけません。そのため、安全制御システム自体の信頼度のレベルを、制御する相手によって決めなければなりません。

安全制御システムのレベルの決定法は、まず被制御体系、つまり本来の機能を実行する本体にどのような危険源、ハザードがあるかを見つけ、そのリスクをきちんと評価します。そして、そのハザードのリスクを許容可能なレベルにまで下げるためには、どの機能をまず制御すべきかを決めます。これは安全要求機能の一つとして決められます。これが決まると、許容可能なリスクに下げるまでにはどのくらいの確率、信頼度が必要かが決まります。そして、それに対応する信頼度を持った安全制御システムを作らなければなりません。安全制御システムは信頼性に基づいているので、壊れることがある、壊れたときは危険側になる、事故が起きる可能性があるということを覚悟しています。事故が起きる可能性はあるが、本当に危ないものであった場合は信頼性を高く作ることになります。そのために、安全制御システムには信頼性のレベルがあるのです。

◉構造に基づく安全制御システムのレベル付け——カテゴリ（定性的）

少し前までは、カテゴリという定性的な概念を使って、こういうレベルの安全制御システムを作りなさいという要求がカテゴリBからカテゴリ4までありました。カテゴリBのBはベーシックの意味で、普通にきちんとまじめに作りなさいというレベル。カテゴリ1は、各部品などには十分に吟味されたコンポーネント

カテゴリ（定性的）

- **カテゴリB**：関連規格に従って設計、製造、選択、組み立てを組み合わせること。基本安全原則を用いること
- **カテゴリ1**：「十分吟味されたコンポーネント」及び「十分吟味された安全原則」を用いること
- **カテゴリ2**：安全機能は適切な間隔でチェックされること
- **カテゴリ3**：単一障害は安全機能の喪失を招かないこと、かつ、合理的に実施可能な場合は常に単一障害が検出されること
- **カテゴリ4**：単一障害は安全機能の喪失を招かないこと、かつ、単一障害は安全機能に対する次の動作要求のとき、またはそれ以前に検出されること。それが不可能な場合、障害の蓄積が安全機能の喪失を招かないこと

を使いなさい、安全の原則、考え方をしっかりと適用しなさいというレベル。カテゴリ2になると、壊れたらわかるように、安全を保つ機能が働いているか否かをある間隔で自己チェックしなさいというレベル。カテゴリ3は、その中で一つぐらい何らかの障害が生じても、実際の安全機能は保たれるようにしなさいというレベル。逆にいうと、単一故障は認め、それは検出されるという機能です。最も高いカテゴリが4で、これは常に自己チェックしていて、一つの部品がだめでも他がカバーする、欠陥がだんだん蓄積していっても大丈夫なように検出する、最後はきちんと安全側に止まるような構造です。これは、古くからの機械安全の基本的な考え方です。

◉性能に基づく安全制御システムのレベル付け
——ＰＬ：パフォーマンスレベル（定量的）

最近はどちらかというと、定性的ではなく確率を用いて、危険側故障率の発生確率の少なさで評価しようという動きになっています。

ＰＬ（Performance Level：パフォーマンスレベル）と呼ばるものが定義されます。パフォーマンスレ

PL：パフォーマンスレベル（定量的）

PL	時間当たりの危険側故障発生の平均確率（PDF）［1/h］
a	$10^{-5} \leqq PDF < 10^{-4}$
b	$3 \times 10^{-6} \leqq PDF < 10^{-5}$
c	$10^{-6} \leqq PDF < 3 \times 10^{-6}$
d	$10^{-7} \leqq PDF < 10^{-5}$
e	$10^{-8} \leqq PDF < 10^{-7}$

※時間当たりの危険側故障の平均発生確率に加えて、PLを達成するために、他の方策も必要とされる

ベルは、a、b、c、d、eの5段階に分かれており、図にあるように、1時間当たりどのくらいの回数で壊れて危険になるかという、信頼度を正確に計算する考え方で、危険側故障の発生の平均確率はどのくらいかを表しています。PLがaというのは、どちらかというとそれほど厳しくいわないもので、この表では、10のマイナス5乗以上10のマイナス4乗未満となっています。10のマイナス4乗では1時間当たりに、1万回のうち1回ぐらいの故障があるという確率です。それに対して、PLがeとなると、一番厳しいレベルで、10のマイナス8乗以上10のマイナス7乗未満となります。10のマイナス7乗というのは、1時間当たり1000万回やって1回ぐらいの故障率となって、非常に厳しいものです。こうして定量的に信頼度を決め、事故が起きたときの影響度、危害の大きさなどを見て、安全制御部の安全性がこのレベルのものでなければならない、というのがこの場合の安全性の根本的な考え方です。

4・4 機能安全

(1) 機能安全の考え方

●機能安全の定義

機能安全に関する国際規格IEC 61508に従って、機能安全という概念を説明します。安全機能とは、安全を保つ機能のことです。一方、機能安全とは、機能が働くことによって安全を保つという意味です。なかなか難しい日本語で、すぐにはわかりにくいかもしれません。安全関連系が故障などによって正しい機能を果たせなくなったとき、失われた安全機能が、その安全関連部の機能安全です。導入した安全関連部が、正しく機能することで確保される安全性を機能安全というのが定義なのです。次に、安全関連系のコンピュータに要求される機能の面から、少し詳しく見てみましょう。

●本質安全と機能安全

きちんと区別して理解しなければならないのが、本質安全と機能安全です。本質安全は、システム本体そのものが安全であるということです。その中で信頼性に基づき安全が入っているとき、両方を含めて本質的安全ということがあります。構造的に作る安全が本質安全で、その構造的な中にも、信頼性を高く作ろうという概念を入れると本質的安全になる、と理解してよいでしょう。

機能安全は、後から本体につける保護装置、安全防護策、安全センサーなどの装置が果たす安全機能のことです。安全機能と機能安全は言葉では入れ替わっただけですが、意味は全く違います。安全機能は安全を実現する機能のことで、機能安全は安全装置が正しく機能することによって実現される安全性をいいます。

機能安全というのは、どちらかというと付加的に付け加えた装置に、高機能なコンピュータが入り、それがきちんと監視し、制御することで安全を実現するこ

本質安全と機能安全

安全機能…システムの安全を確保する機能

（1） **本質安全**…システム自体に安全を確保する機能を本質的な性質として**構造的**に持たせることにより実現される安全機能 ⇒

（1）′ **本質的安全**…本質安全＋信頼性に基づく安全技術を含む

（2） **機能安全**…安全装置や安全防護策、安全監視等を付加装置として付けることで実現される安全機能

- ICT 技術で使われる電子機器の故障の物理的状態には不確定性が高く、また、ソフトウェアにバグがないことを保証することは困難であり、ここに本質安全の考え方を導入するのは難しい
- 機能安全では、安全関連系と非安全関連系に分け、安全関連系だけは徹底的に**信頼度を高く**作ろうという発想に基づいている

とです。しかし、失敗はあり得ます。ソフトウェアにはバグがつきものだし、半導体にもいろいろな故障があり、ほかにも電磁波による影響のＥＭＣ（電磁環境性）など様々な可能性があるため、それらをいかに小さくして、正しく動く確率を高めるかが、機能安全の重要なファクターになります。

◉確率論的安全

コンピュータは高機能なため、非常に高度なことができます。機能安全はどのようなときに使うかというと、飛んでいる飛行機のように止めることができないもの、あるいは止めると全部壊れてしまうプラントのようなものなど、止めることができないところに、機能安全を使って信頼度を高く維持し続けます。このとき、いろいろと制御したり、センサーで検知したり、予知情報を集めたりします。そこにコンピュータという高度技術を使わない手はないだろうということで、機能安全が近年注目を浴びるようになってきました。

安全制御装置も壊れることはありますが、壊れ方に二つあって、危険側に壊れるものと安全側に壊れるものに分けられます。危険側故障が少なくなるようにハ

確率論的安全

- 止めることができないシステムは、機能を維持し続けることが安全につながる
- 安全の実現にコンピュータを使わない手はない
- 電気・電子・プログラマブル電子装置（コンピュータ技術：ソフトウェアを含む）を積極的に用いる
- 安全機能の維持装置（E/E/PE を用いた安全装置）の危険側故障率を低くすることで、安全を実現する考え方
- 危険側故障率の低さで安全の度合いを評価する（SIL：Safety Integrity Level）
- システム全体の安全のうち、安全のために付加的に導入されたコンピュータ等の電子制御システムの機能が、正常であることによって達成される安全性

ードとソフトをどう設計するか、という話になります。その安全制御装置を含めた安全関連系が、いかに危険側故障率が小さいかで、そのシステムを評価し、レベルを決めます。ＳＩＬ（Safety Integrity Level）といいますが、1～4の4段階あります。本当にリスクが高いものについては、レベル4ぐらいの危険側故障率の極めて少ないものを使わなければなりません。

本来のシステムに事故が起きたときにどのくらいのひどさになるかによって、安全関連系のＳＩＬのレベルを決めるという発想です。以上のことから、この機能安全をもう少し具体的に定義すると、システム全体の安全性のうち、安全のために付け加えたコンピュータなどの電子制御システムの機能が、正常であることによって達成する安全性、となります。コンピュータを導入して安全性を高めるという非常に難しい課題に挑戦するようになってから、はじめて機能安全という言葉が出てきて、これからはこの概念がますます重要になってくるでしょう。

（2）機能安全に関する国際規格

●ＩＥＣ 61508電気・電子・プログラマブル電子安全関連系の機能安全

コンピュータ、電子システムを使って、本体のシステムを制御し安全を実現する機能安全ですが、これに関する国際規格を見てみましょう。

一番有名な国際規格は、ＩＥＣ 61508です。この国際規格では、システムを安全関連部と非安全関連部に分けます。本来のシステムを安全に制御し、安全を監視する部分を安全関連部といいます。安全関連部には、当然コンピュータとソフトウェアが入ってきます。このソフトウェアのバグをゼロにすることは現実的には不可能です。いかにバグの少ないソフトウェアを作るか。電子装置も、一つや二つ壊れてもしっかりと安全の機能を果たすようにどう高信頼に構成するかが問題となります。本来のシステムである被制御系に事故が起きたときの事故の大きさを考えて、この安全関連部の信頼度を4段階の安全水準レベルに分けます。

このレベルはＩＥＣ ６１５０８で厳密に定義され、定量的な数値目標とされています。これが前述したＳＩＬです。

ＩＥＣ ６１５０８では、ライフサイクル全体にわたって安全を組み込むことが規定されています。設計から製造、最後は廃棄に至るまでを対象にして対応するということです。それにとどまらず、安全を管理する組織や安全を評価する人はどうあるべきか、評価する人と作った人は互いに独立でないといけないという独立性の話や、従業員の能力、コンピテンシーをどうするかもＩＥＣ ６１５０８に規定されています。

◉ＳＩＬ（Safety Integrity Level）

安全度の水準を表すＳＩＬに関して、ＩＥＣ ６１５０８には二つのモードが記載されています。一つは低頻度の作動要求モードで、めったに要求はないが、何かあったらすぐに対応して、安全装置として働かなければならないというものです。もう一つは高頻度の作動要求で、常にチェックしてずっと監視し続けているものです。ＳＩＬでは、４、３、２、１という順番になっていて、４が一番厳しく1が一番緩いもので、対象のリスクの大きさに応じて指定されます。低頻度モード、高頻度モードといいますが、どこで分けるのかは悩ましい問題です。

普段は何もしなくてもよく、要求されたとき、例えば非常停止ボタンなどが押されたとき、働かなければならないのが低頻度です。低頻度の作動要求モードのうち、一番信頼度が低いものはＳＩＬの１（10のマ

SIL（Safety Integrity Level）

SIL	低頻度作動要求モード運用＊1	高頻度作動要求、または連続モード運用＊2
4	10^{-5} 以上 10^{-4} 未満	10^{-9} 以上 10^{-8} 未満
3	10^{-4} 以上 10^{-3} 未満	10^{-8} 以上 10^{-7} 未満
2	10^{-3} 以上 10^{-2} 未満	10^{-7} 以上 10^{-6} 未満
1	10^{-2} 以上 10^{-1} 未満	10^{-6} 以上 10^{-5} 未満

＊1　作動要求当たりの設計上の機能失敗平均確率
＊2　単位時間当たりの危険側故障確率（1/時間）

イナス２乗以上10のマイナス１乗未満）で、10回あるいは１００回に１回ぐらいの故障が許されるようなレベルで、かすり傷程度で済むような場合に使われます。一番高いものはＳＩＬの４（10のマイナス５乗以上10のマイナス４乗未満）で、１万回あるいは10万回に１回の故障しか許されないレベルです。高頻度の場合は、時間単位当たりの故障率で表されています。例えば、ＳＩＬの４（10のマイナス９乗以上10のマイナス８乗未満）では、10億時間に１回の割合で危険側に故障するとなり、これも確率として表現されています。

◉ＩＥＣ 61508はアンブレラ規格

ＩＥＣ ６１５０８は機能安全におけるアンブレラ規格といわれており、開いた傘のようにＩＥＣ ６１５０８の下に多くの機能安全関連の規格があり、ＩＥＣ ６１５０８はこれらの規格類から参照される重要な規格となっています。機能安全の考え方は、リスク低減策のスリーステップメソッドにおけるステップ２に対して、本体に付加的に装着して、安全装置としてモニタリングや制御に使うもので、重要な安全機能を果たしています。

ＩＥＣ ６１５０８の下の多くの機能安全の規格は、ほとんどをＩＥＣが担当していて、プロセスの計装（化学プラントなどで、計測して制御する装置）関連から始まり、鉄道関係、自動車関係、医療関係など、コンピュータや電子装置、ソフトウェアを含んだ装置の安全機能の果たし方、及びその精度の高さなども規定しています。

4・5 安全設計における基礎概念

(1) フォールトアボイダンス

●フォールトアボイダンスの考え方

安全技術を作り上げる基礎的な考え方には、いろいろなものがあります。最初にご紹介するのは、フォールトアボイダンスという概念です。フォールト(fault:故障)をアボイダンス(avoidance:回避)するという意味です。

フォールトアボイダンスは簡単にいうと、故障を回避する、故障が起きないようにする考え方です。最初から故障や欠陥は入り込ませないのですから、まず壊れにくい信頼度の高い部品を使用します。人間でも人に何かを頼むときには、信頼性の高いまじめな人に依頼するというのと同じです。ハードウェアの場合だと、信頼性の高い部品やサブシステムを使います。あたり前の話ですが、現実に高信頼、壊れにくい部品を求めるのは大変です。物理的、科学的に、いろいろな機能を使って作り上げざるを得ません。例えば、その部品

フォールトアボイダンスの考え方

- システムの安全性を確保するためには、構成している部品やサブシステムが故障しないような信頼性の高いものでなければならない
- まず、壊れにくい信頼度の高い部品を使用することが第一。このアプローチは、最初から故障や欠陥は入り込まないという意味でフォールトアボイダンス(fault avoidance:故障回避)と呼ばれる
- 温度、湿度、振動、放射線、経年劣化などに耐えなければならない

はどういう場面で使われるのか、湿度や温度は高いのか、振動があるか、放射線を強く受けるか、何年もたせなければならないのか、経年劣化を遅くするのかなど、いろいろな条件を考慮する必要があるからです。

◉フォールトアボイダンスの実現

安全のためには、フォールトアボイダンスを実現することが基本です。しかし、高度な技術が必要なため、費用がかさむ欠点があります。高信頼な部品を作るためには、様々な研究やテストを行い、時間をかけて作り上げないといけないからです。

信頼度が高く、壊れないように、機能をずっと待ち続けるように作るのが高信頼の目的ですが、現実にはそんなに高価な部品は使えない、というケースもあります。そのときは、少しぐらい壊れやすくてもいいくらいの部品をたくさん使い、多重系で互いにカバーすることで信頼性を高める、フォールトトレランスという考え方があります。

(2) フォールトトレランス

◉フォールトトレランスの考え方

フォールト（fault）とは故障のこと、トレランス（tolerance）とは耐えて許すという意味です。**フォールトトレランスとは、故障があっても、それに耐えてシステム全体は正しく動くという考え方です。**システム内での故障は避けがたいので、安全にとっては大事な考え方です。

システムを構成しているある部品に不具合が起きた場合でも、それに耐えて故障を許し、システム自体はきちんと正しく機能させます。一つや二つの部品が故障しても大丈夫なようにどう作るかは、冗長技術が基本になります。冗長とは、要するに多重系のことです。一つがだめならば他でカバーする。さらにまた一つがだめになったらまた他がカバーするというように、一つや二つの部品が悪くなっても、システム全体では正しい機能を働かせます。一般的なハードウェアの場合は、空間冗長といって、同じもの、あるいは同じ機能を持つものをいくつか並べ、一つがだめでも他がカバーします。二重系、三重系、多数決系があります。専門用語では n out of m 系といい、m個ある部品のうちn個が壊れても機能は正しく動くというシステムの作り方で、空間にたくさん置いておくという意味から空間冗長といわれます。冗長系には空間冗長だけでなく、情報冗長もあります。人間の会話などはかなり冗長で、ある部分が欠けてもほかで推測できるように情報として冗長になっています。信号の分野では誤り訂正符号というものがあり、情報をダブらせておいて、少しぐらい抜けても、だめなところをきちんと復活して正しい情報を伝える、これが情報冗長です。ほかに時間冗長もあります。一回やったけれどもだめだった、そうしたらもう一回やってみる、きちんと正しく動くまでやる。また、何回かやって、出た答えの回数の一番多いものを正しい答えとするなども、時間冗長という考え方で、フォールトトレランスの一つと考えられます。

フォールトトレランスの考え方

- フォールトトレランス（fault tolerance）：システムを構成している一部に不具合(フォールト：fault)が生じても、それに耐えて、またはそれを許してシステムとしては正常に機能するようにすること
- 基本的には冗長技術：空間冗長（二重系、三重系、多数決系、多重系、n out of m 系)、情報冗長（誤り訂正符号)、時間冗長（繰り返す）等がある

◉多重系に基づくフォールトトレランス

フォールトトレランスとして多重系を作るとき、考えなければならない問題がいくつかあります。多重系の目的は信頼性を上げることで、一つの部品が壊れてもシステム全体の信頼性、機能はずっと持ち続けることを目的としています。こうした考え方は至るところにあります。原子力には昔から多層防護という考え方がありました。ある段階でだめなときは、次の段階でカバーする、それでもだめなら最後は止めるというのも、一種のフォールトトレランスです。フォールトトレランスのポイントは、多重に置いたものは多様性（ダイバーシティ）を持った多重でないと意味がないことです。同じものを並べて多重系になっているといっても、それでは不十分なのです。ランダム故障といわれる、ランダムに壊れる場合は同じものを並べておけば有効です。しかし、福島第一原発事故のように非常電源をたくさん置いてあっても、津波で一度に全てやられてしまっては、たくさんあることに意味がありません。これは common caused failure（共通原因故障）といって、一つの原因で全てがだめになってしまう現象です。そうしたことがないように配置、構造、材料を変えることが重要です。また、エネルギー的にも、電気がだめなら化学や物理的な力でやるなど、独立のものを使います。コンピュータのソフトウェアの場合だと、異なる仕様書で異なるグループに作らせ、その両方で多重系にするなどします。独立性を持った冗長系でないと本来の機能を発揮できないことがあることを忘れてはなりません。

多重系という概念は、我々の社会ではたくさん使われています。例えば、監視する、チェックする、たくさんの人を見ながら互いに監視しあうというのも、ある意味ではフォールトトレランスであるといえます。監視している人と作業している人は違う役割で、機能を補完しあっている、ダブルチェックをしていると考えられます。

人間の体はまさしくフォールトトレランスそのものになっています。少しくらい調子が悪くても人間としてきちんと機能しています。脳の中では、脳細胞が少しずつ壊れているといわれますが、それでも脳は正しく働いています。少しぐらいの部品やものがなくなったり壊れたりしても、機能全体には大した障害が出てこない、これがフォールトトレランスです。

（3） フェールソフト

◉フェールソフトの考え方

ものやシステムが急に壊れて使えなくなると大変困ります。そうならないように、徐々に使えなくなる、ソフトに壊れていくようにするのが、フェールソフト（fail soft）です。少しでも動いていれば、準備のゆとりができて、動きながら修理することもできます。大事なところだけは動かしておくことが安全にとっては重要で、これがフェールソフトという概念です。この考え方でシステムが組まれていると、使う側からすれば大変安心です。少し我慢して使って、そのうちに修理しよう、新しいものを買おうと考えることもできます。

大きな処理システムでは一部が壊れた場合、壊れたところを切り離して、残った部分で処理をするものもあります。処理能力は落ち、対応は遅くなるかもしれませんが、残った部分で確実に処理はできるシステム

フェールソフトの考え方

- フェールソフト（fail soft）とは、故障や障害の発生により、完全な機能は実現できなくても、大事な機能は最後まで維持して、徐々に縮小しながら機能を失っていくという考え方
- 突然故障してストップするのではなく、徐々に（ソフトに）壊れていくという考え方。生きながらえることを優先する
- 故障がある場合にそこを切り離して、システムを再構成することにより、システムの機能・性能を低下させて稼働させるシステム縮退もこの一種
- 縮退運転ともいわれる
- フォールバック（fall back）もこの一種

です。機能縮退、システム縮退という言い方をしますが、縮退していくという考え方です。フォールバック（fall back）[10]とも呼ばれています。また、うまくいかない場合、元に戻ってもう一回やり直すというものもフェールソフトの考え方に入っています。

◉フェールソフトの例

フェールソフトの典型的な例に、分散冗長があります。機能を分散しておいて、この機能がだめでも別の機能は生き残っているというものです。機能の１００％は出せなくても、ある機能はきちんと動いているという考え方です。負荷分散というのもあります。装置をたくさん置いておいて、通常はそれを同時に使うのですが、ある部分が壊れたらそこを止めてしまいます。処理量は少なくなりますが、機能はきちんと果たしているわけです。ほかにも、いろいろな分散の仕方があります。危険分散は、危険のために機能を分散しておいて、いざというときにはどちらかが生き残るようにします。地域分散という、地域的に分散しておく考え方もあります。

飛行機のジェットエンジンは、一つが故障しても、残りのエンジンでなんとか近くの飛行場までたどり着けます。正確な時間に着くとか、正しい目的地に着くという本来の機能は果たされないかもしれませんが、墜落して大事故にはならない。これもフェールソフトの例です。

人間はどちらかというとフェールソフトにできているようです。フォールトトレランスの二重系、三重系でもあります。例えば、人間の目は二つあるので、一つだめになってももう一つで見ることができます。機能は少し落ちるので、フェールソフトかもしれません。二つあるものが一つになっても、その一つでなんとかなり、機能が少し落ちても生きながらえることができます。腎臓も二つあり、肝臓は一つしかないのですが、だめになったとしても後から再生してくる、つまり元に戻る能力を持っているわけです。このように人間の体はまさしくフォールトトレランスで、かつフェールソフトでもあります。人間は年をとってくると、徐々に機能が落ちて体が不自由になります。人間にとって最も大事な機能の一つが心臓で、これは一つしかありませんが、そのほかは多重系にできています。脳細胞は典型的で、どんどん死んでいっても新しい細胞で生まれ変わり、ほかがカバーする仕組みになっています。

（4）フールプルーフ

◉フールプルーフの考え方

フール（fool）は愚か者、プルーフ（proof）とは、大丈夫、保証するという意味です。よくない言い方ですが、昔は「バカよけ」ともいわれました。構造的にヒューマエラーを防ぐ、最も望ましい形です。

人間が失敗しても、ちょっとした間違いならば許して安全を確保しようという概念がフールプルーフです。人間は間違えるということを前提として認め、しかしその間違いのために安全が損なわれないように、重大な事故や問題が生じないように、あらかじめどう構造

フールプルーフの考え方

- 人間は、誤りや間違いをするもの
- フールプルーフ（fool proof）とは、人間が間違えても危険な誤りを起こせないような構造的な設計
- 危険側の誤りが発生しないような設計
- 誤りを犯したら次へ進めないように安全側に固定する設計
- 「ポカよけ」と呼ばれることがある

10　フォールバックとは、システムに障害が起きたとき、機能を限定したり、性能の低い他のシステムに切り替えたりして運用を続けること。

的に作るかです。例えば、正しい順番で行わなければいけないが、途中で間違えたらそこで止まってしまうという構造もフールプルーフです。間違えると動かなくなるのはフールプルーフの一つの構造です。労働現場では「ポカよけ」などといって、ポカをしそうなとき、それを避けて助ける、大丈夫にすることです。

◉フールプルーフの構造

フールプルーフの例はたくさんあり、フールプルーフになっていれば、我々は安心して使っていけます。電池は、プラスとマイナスとを間違えて入れると爆発する、暴走するとしたら、それこそ慎重にチェックして入れないとなりません。一般の電池は、プラスが突起しているので、きちんと合っていないと電源が入らない構造になっています。これがフールプルーフの典型です。間違えると電源が入らない、正しく設置しないと次に進めない、動かないは、フールプルーフの一つの例です。

看護師が、医療機器の接続を間違えて医療事故になる話をよく聞きます。間違えたものをつなぐと、人体に悪影響を与える可能性がありますから、当然間違えないようにと注意しますが、それでも間違いはあり得ます。色を分けて赤と赤、緑と緑をつなぐようにすることもできます。しかし、暗くなると色がよく見えず、間違えて接続してしまうかもしれない。そんなとき、接続部分の形を変えて四角と四角しかつながらないようにする。同じ形のものしかつながらない構造なら、間違い防止が可能です。色を分けた場合だと、フールプルーフのように見えますが、人間の注意に依存していて、人間が間違えればアウトです。形を変えれば、接続の仕方を間違えると入りません。このように、人間が間違えても危険にならない構造を組み込む、これがフールプルーフの典型です。

本当に危ないものは、間違えると実行できないようにする。フールプルーフは安全にとって非常に大事な考え方です。その基本は構造や形で作ることで、ここが安全技術者の知恵の見せどころです。昔からフールプルーフに相当するものはかなりあり、いろいろな知恵が蓄えられています。

（5）フェールセーフ

◉フェールセーフの考え方

安全設計の中で最も大事な考え方がフェールセーフです。リスクの大きいシステムや機械を設計したり使用したりする場合は、ぜひフェールセーフの概念を組み込んでいただきたいです。

フェール（fail）とは、人間でいえば失敗することですが、ここではハードウェアが故障することです。セーフ（safe）とは、故障しても大丈夫ということです。故障は避けがたいので、故障しても危険側の故障にならない、安全側の故障しか認めないように構造的に作るのが、フェールセーフの考え方です。故障するのは仕方がないことと認めますが、故障した場合は常に安全側になるようにする、または安全側で固定するように、決まった場所に落ち着いて動かなくすることです。故障しても正しく動いていることはあります。その場合は止める必要もないのですが、危険側に動くようであれば、そこで止まって安全側にするという考えです。構造的に作りますが、一般的には重力を利用する場合が多いようです。

フェールセーフの考え方

- 故障しても（失敗しても）安全である
- 故障は認めるが、安全側の故障のみとする
- 故障すると、正しい機能を果たすか、または、ある決まった状態に固定される
- 重力などを利用する場合が多い
- 無条件安全の状態の存在が条件（例：止まれば安全）

昔から鉄道安全や機械安全において、フェールセーフは根本的な考え方でした。列車の場合、通常は止まれば安全です。動いて高速になるから危ないわけです。したがって、故障したら必ず止まる構造にするというフェールセーフは、基本的な発想でした。このように、故障やどうしようもなくなったときに、必ず安全側に固定することがフェールセーフです。

◉フェールセーフの例

フェールセーフも昔から安全技術者の知恵の見せどころで、いろいろな案が考えられました。フェールセーフの最終目的は安全性で、壊れてもいいけれども安全側に壊れるという、安全技術の発想です。

図の左側は踏切の例です。閉塞区間といいますが、レールを一定区間に区切り、そこに電気が流れていることで、絶えずその区間が正しい状態かどうかをチェックしています。その電気をもらって、図中には電力とありますが、重力に逆らって踏切を上げています。列車がくると閉塞区間がショートされ電気がなくなるから、重力によって踏切が下に落ちる。これが踏切の原理です。この場合、閉塞区間でレールが破断したり、

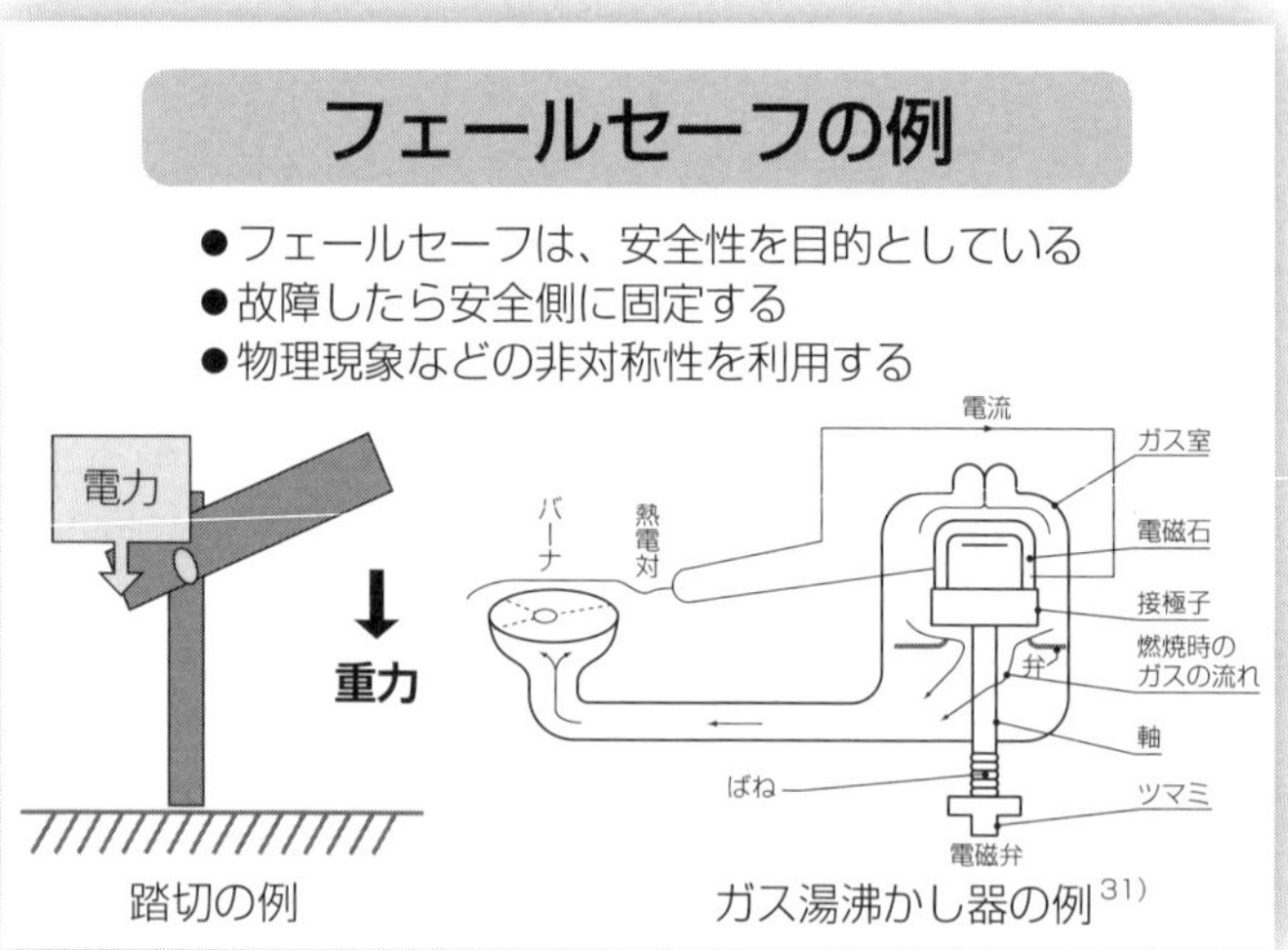

電気装置が故障したりすると、電気が流れなくなってしまい、踏切を持ち上げる力がなくなるので重力に従って落ちる。故障すると必ず踏切は下がるのです。

右側の図はガス湯沸かし器です。この構造ができあがる前は、ガス漏れによりガス中毒で多くの人が亡くなる事故がありました。図は現在のガス湯沸かし器で、ほとんどがこの構造です。点火スイッチを押すと火花が出て、少し待つとガスに火花が引火して炎が出て、その炎の熱によって電気を起こします。その電気の力により、ガスのバルブを電磁石の力で吸い上げておいて、ガスが出てくる。ガスが出てきて燃えて、電気が起きて、その電気の力で重力に逆らって、ふたを上げているという関係です。この場合、炎が消えたり回路が故障したりすると、電気がなくなる、つまり上げようとする力がなくなる。すると、必ず重力に従ってふたが落ちる、そしてガスが止まるのです。故障すると必ずガスが止まる、これがフェールセーフの考え方です。システムや機械を設計する人は、壊れたら必ず安全側になる、止まって使えなくなる、そういうフェールセーフな構造を組み込み、人が安心して使えるシステムにしていただきたいと思います。フェールセーフは安全技術者にとって最も大事な考え方です。

(6) 危険検出型と安全確認型

◉フェールセーフには安全確認型

危険検出型とは、センサーなどを使って危険を見つけ、連絡し、その情報に従って逃げたり機械を止めたり、安全な行動をするなど、危険な活動を止めるものです。安全確認型は、安全であるという信号をもらって、その信号が来ている間だけは危険を伴う仕事をしたり、ロボットを動かしたり、列車を走らせたり、自動車を動かしても構わないというものです。安全を確認する信号が来なくなったら、安全が確認されていないということで、機械は止めて逃げるのを開始します。

安全制御などでセンサーを使うときには、この危険検出型と安全確認型の二つの考え方があります。しかし危険検出型では、フェールセーフにして壊れたら安全側にすることができません。安全確認型にしないとフェールセーフなシステムは実現できないのです。

●危険検出型と安全確認型の例

人を検出する例を考えてみます。図の上側は安全確認型です。光源があり、センサーで光を受けて、人がいなければ光が透過するので、人はいないという意味で安全として安全確認信号を出します。人が来ると遮断されて光が届かないため、安全確認信号は出ません。下側は危険検出型です。人がいるときは光源の光が反射して、人がいる、危ないという危険信号を伝えます。人がいなくなれば反射しないので、危険検出の信号が出ないという方法です。

光源やセンサーが壊れたり、情報が伝わらなかったりするとどうなるでしょうか。危険検出型の場合は、本来人がいないときは、危険信号が出ないので、安全を伝えます。しかし、その光源やセンサーが故障すると、人がいるにもかかわらず危険信号が出ないことになります。危険という情報が伝わらないので、人が事故に遭う可能性があります。危険検出型では安全装置

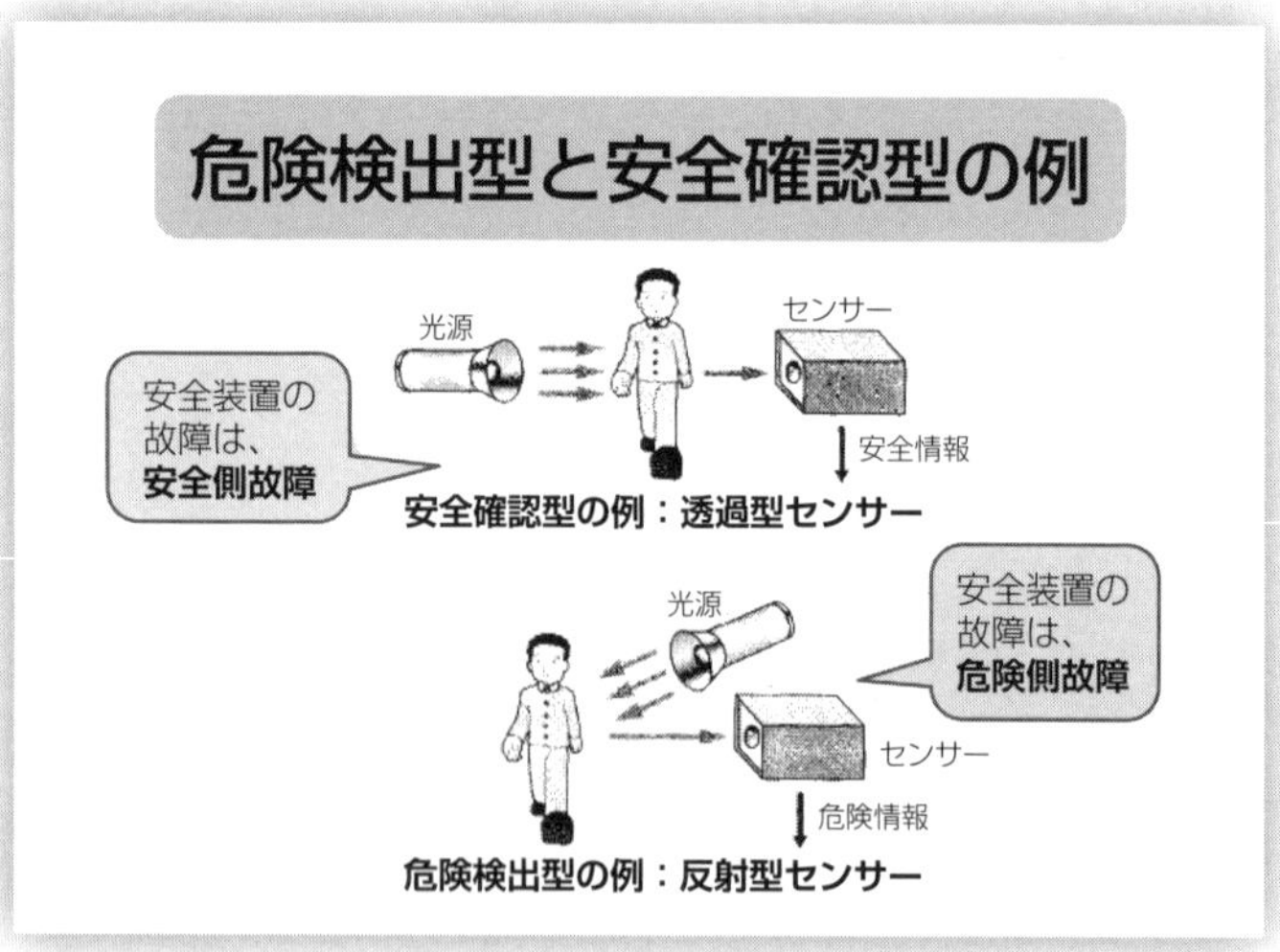

出典　柚原直弘（編）ほか（2012）：ヒューマンエラーと機械・システム設計，講談社[32)]
イラスト　田中聡（TS スタジオ）

が壊れると、危険側故障になるのです。一方、安全確認型の場合は、光源やセンサーが壊れると安全確認の信号が出ません。正常時には、人がいると遮断されて安全確認信号は出ませんが、安全装置の光源やセンサーが壊れると、人がいないときでも、安全確認信号が出ないわけです。ということは安全確認型にすると、安全装置が壊れれば安全側になります。

故障すると安全確認型は安全側故障に、危険検出型は危険側故障になる。ちょっとしたセンサーの使い方の違いですが、これだけで故障したときには安全か危険かの大きな違いとなります。安全装置が壊れたときに、安全側故障になるか危険側故障になるかは、よく考えておかなければなりません。

◉安全確認型フェールセーフシステム

安全確認型に基づくフェールセーフ装置があります。実現するにはどうすればよいか。

例えば、安全が確認されているという信号は、図の下部の「安全の確認を表す安全情報」となります。安全確認信号は、必ずエネルギーが高い状態として、これを論理値1とします。もう一方は、図の上の、コン

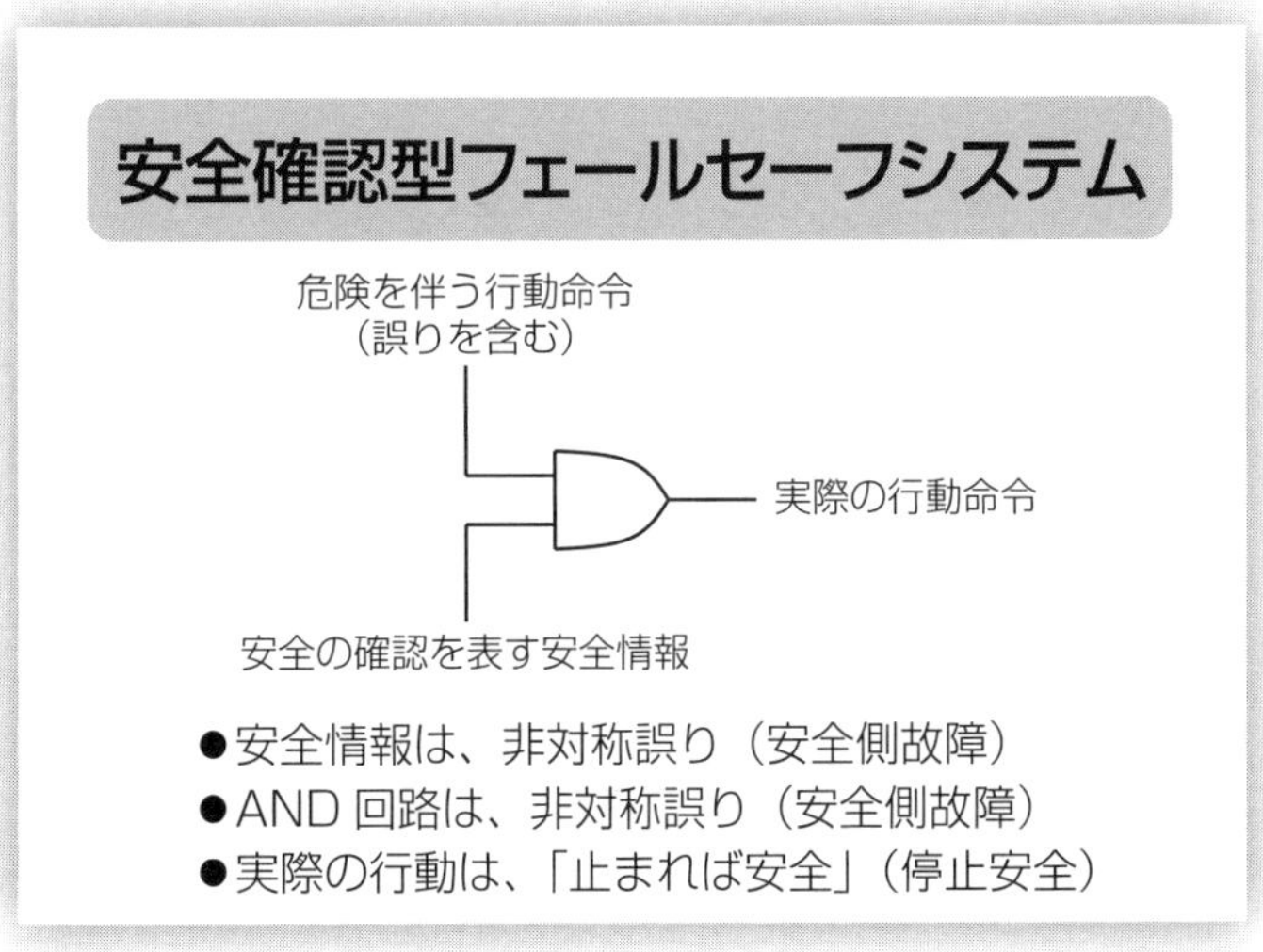

安全確認型フェールセーフシステム
危険を伴う行動命令
(誤りを含む)
実際の行動命令
安全の確認を表す安全情報
●安全情報は、非対称誤り（安全側故障）
●AND 回路は、非対称誤り（安全側故障）
●実際の行動は、「止まれば安全」（停止安全）

ピュータや人間から何か「危険を伴う行動」を実行しろという命令が来ます。これも論理値1とします。真ん中にある図はAND（アンド）回路といいますが、両方の入力の論理値が1のときにのみ、出力が1となり、「実際の行動命令」を出すことになる回路です。下部の安全確認の情報をもらって、はじめて危険を伴う行動命令を通過させます。命令があったとしても、安全確認がなければ通過させない、実際の行動はないということです。安全の行動命令に間違いがあっても、安全確認をしっかり行っていれば事故にならない作り方です。この場合も非対称誤りといいますが、誤った場合は必ず安全側に故障する、すなわち論理値0になるという安全確認型の発想を使っています。実際の行動命令が出ないときは、動かない、止まる。止まれば安全というシステムでないと適用できませんが、この考え方はフェールセーフシステムを作る場合の常識的なものです。大事なのは、安全確認をする安全情報の作り方は、安全確認型のセンサーのような形で作らないとこのシステムができないことです。少し難しいように見えますが、安全に携わる技術者は、あたり前の常識として身につけてください。ただセンサーを持ってきて、危険検出型にセンサーをつける場合は、故障するとどうなるのかを考えないといけません。

ハイボールの原理のいわれ

フェールセーフにシステムを作るための考え方を、私はハイボールの原理と呼んでいます。

安全であることを伝える安全情報、危険を伝える危険情報、この二つのタイプの情報を伝えるには、必ずエネルギーを使います。エネルギーが高い状態を、安全な状態に対応させるか、危険な状態に対応させるか、二つの考え方があります。ただし、安全情報も危険情報も伝わらないことがある。それを考えると、故障して伝わらないときに安全がどうなるかを考えることが大事です。

イギリスでは列車が入ってくるときに信号として赤いボールで知らせていました。図では、ボールが高い状態、ハイボールになっています。昔、まだ電気信号がなかったころ、列車が入るときに駅構内はもう安全が確認されたから入ってよいとなったら、ボールを上部に上げてハイボールにしました。するとと列車が入ってくる。これは安全確認状態です。この場合のハイボールはエネルギーの高い状態で、安全情報を伝えています。もし、この安全装置が壊れたら、例えばロープが切れたり、ボールを上げようとしている人が気を失ったりすると、ボールは重力に従って下に落ち、ローボールになります。そうすると列車は、本当は安全でも入ってこられません。不便で、信頼性は落ちるかもしれませんが、安全は確保されている状態、大事故には至らない状態です。この場合の安全装置は、故障すると安全側故障となります。逆に、危険情報をハイボールで伝えるとしましょう。そうするとローボールは、入ってきていいという情報になります。ロープが切れたり、人が気を失ったりすると、危ないと言いたいときに伝わらない。本当は危険なのにボールを上げられない。そのときに列車が入ってくると大事故になる可能性があります。安全確認信号は、必ずハイボールのよ

イラスト：つだかつみ（『日経ものづくり』2010年2月号，日経BPマーケティングより）[33]

うにエネルギーが高い状態に対応させなさいということ。これがハイボールの原理です。

ウイスキーを炭酸割りにしたものをハイボールといいますが、なぜウイスキーの炭酸割りをハイボールという名前にしたのか、語源は何かというと、ここからきているというのが私の説です。イギリスの紳士が駅の近くのバーでスコッチを飲みながら列車を待っている。列車が入ってくるときボールが上部に上がってくる。ローボールからハイボールになった、列車が来るので急げ。スコッチウイスキーは生でそのまま飲むと強いので、そばにあった炭酸で薄めて一気にあおってホームへ駆けつける。ウイスキーの炭酸割りをハイボールというのは、こういう語源であると私は主張していますが、信じるか信じないかはお任せします。

(7) トリプルF（F^3）システム

●トリプルF（F^3）システムの提案

リスクの非常に大きなシステムは、理想的には図のような構造で作ることを基本思想とすべきです。一番下はフェールセーフ、壊れたら安全になるように作る。たとえ原子力であっても、フェールセーフな原子炉を考えるべきです。効率とベネフィットを求めてリスクの大きなものを作るのはやめ、だめになったときに静かに止まるフェールセーフな原子炉が必要です。安全であっても頻繁に止まっては仕方ないので、効率よく、壊れないように、信頼性高く作らなければなりません。これはフォールトトレランスの考え方です。壊れたら安全側になって止まる。基礎に安全があり、そのうえで信頼性高く動かす。さらにそのうえで、人間が間違えても安心して使えるように設計する。図ではファジィとありますが、許容する、あいまいさを許す、少しぐらい失敗をしてもきちんと動く、安心して使えるということを意味しています。基本に安全があって、それが信頼性高く動いて、皆が安心して使える、こういう構造をトリプルFシステム（F^3）と呼んでいます。

（8）レジリエンス

●レジリエンスという概念

レジリエンスとは、困難な状態になってもとにかくうまく対応して生きながらえようとする、安全なシステムを作るときに重要な考え方です。忍耐強く、どのようなことがあっても大事なものだけは確保して、継続しようとします。生態系などでは昔から使われていた言葉ですが、最近は防災などにもよく使われるようになりました。特に、一度被害にあっても、再びどう回復するかという概念もここには入ります。

安全の世界では、福島第一原発事故以来、レジリエンスという概念が広く使われるようになりました。例えば機械設備でもものづくりでも、未然防止が大前提ですが、どう対策を施したところで事故は起こり得ます。その避けがたい事実を認め、起きた後どうするかを考えておこうというのがレジリエンスです。システムを設計したり、それを運用する立場の人は、レジリエンスの概念を最初から持っておいてください。事故は起こり得ます。リスクはゼロではありません。

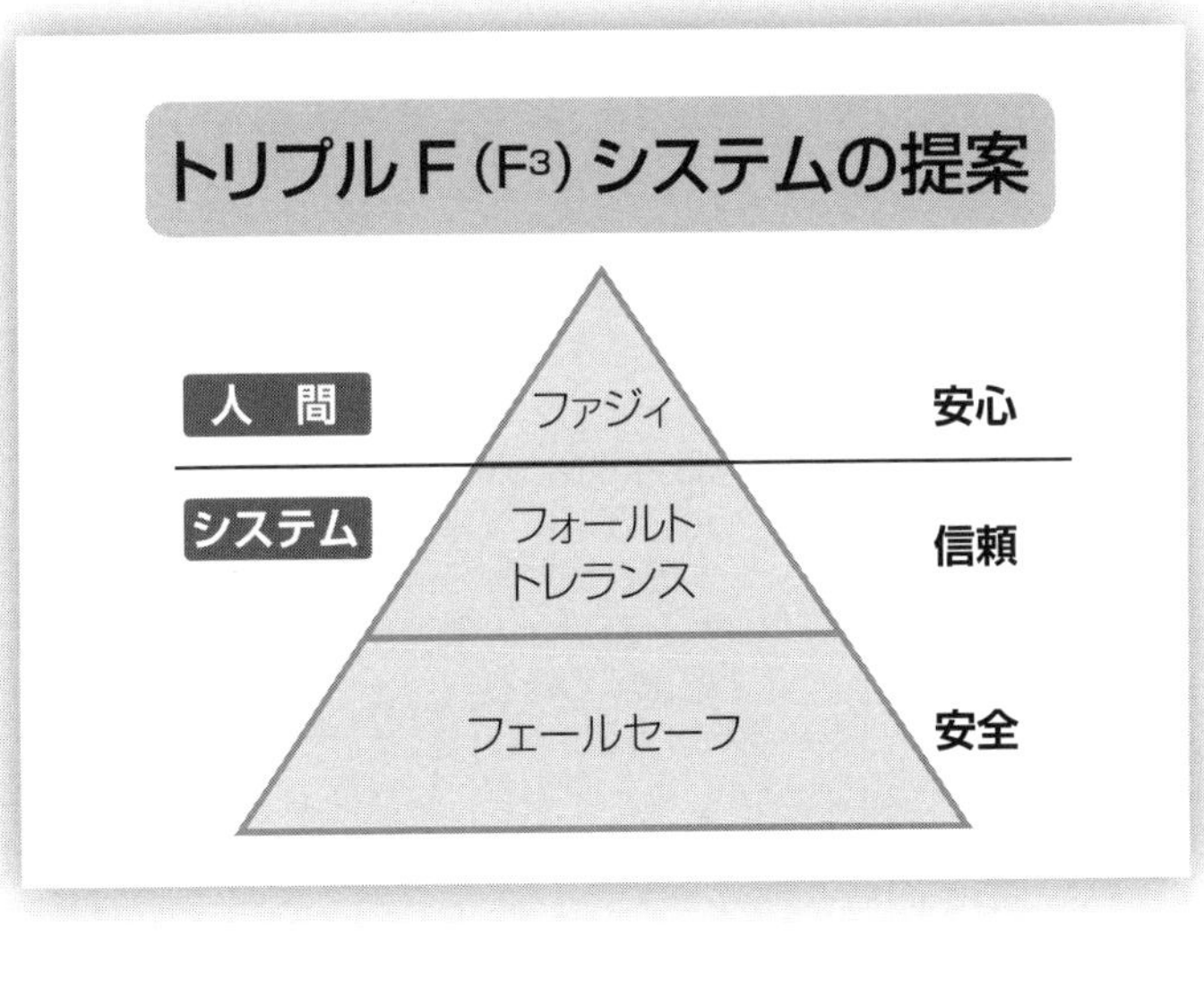

◉災害とレジリエンス

日本語にあまりよい訳語がないのですが、耐え忍びながら常に復活するイメージがレジリエンスにはあります。レジリエンスでも、危害を防止するというのは大前提です。危害を受けてしまった場合、その被害を広げないようにする、そしていち早く修理して立ち直るようにする。大事な機能はとにかく維持し持続させる。災害の場合で大事になるのは、地域のコミュニティをどうするかや、インフラをどうするかまで考えることでしょう。そしてもう一つは、持続し続けることです。全滅してしまってはならない。生物などもどこかで生き残った個体がまた繁栄する。大災害が来ても、分散してどこかで生き残ってまた繁栄する。こういう概念が生物にはあります。事故や災害でもこのように考えたいものです。自然災害の場合では、まず防災、つまり災害を防ぐのですが、実際は防ぎきれない場合が多い。そうすると次は減災、レジリエンスで、災害を少なくしようとします。最近では縮災という人もいます。災害時、被害をできるだけ小さくし、ＢＣＰ（事業継続計画）を計画し、どうやって事業を継続するかも大事です。企業などではクライシスマネジメントとかアクシ

レジリエンスという概念

- レジリエンス（resilience）とは、「**困難な状況になっても、うまく適応できる力**」をいう。生態系の回復力のような場面に用いられてきた
- 最近は、防災の分野でも使われるようになってきた
- 安全の世界でも福島第一原発事故以来、必須の概念と思われる
- 機械やシステムの安全では、事前に故障しないように未然防止対策を施しておくこと、地震や津波等の自然災害の世界では、ハザード（危険源）は避けがたいが、事前に耐性強く作って防災対策を施しておくことが第一である
- しかし、現実には事故災害が起きること、及び、想定以上の自然災害が起きることは避けがたいので、レジリエンスでは災害が起きた後のことも考えておくことを基本としている

デントマネジメントの考え方に近いかもしれません。

4・6 安全設計における人間的側面

(1) 使用上の情報

●どのような情報を使用者に伝えるか

次にスリーステップメソッドのリスク低減策のステップ3にある使用上の情報について紹介します。機械設備などの設計で、リスクの低減方策として本質的安全設計、安全防護及び付加保護方策がありますが、使用上の情報の提供は、残留リスクを使用者に伝えて理解してもらい、残留リスクに対する安全な対応を使用者に委ねることです。何を伝えるかで一番大事なのは、除去できなかったハザード（危険源）、低減できなかったリスクの情報です。さらに、このハザードからどういう事故につながり、どういう危害を受けるのか、その危害の避け方に関する情報を提供します。そして安全のための指示を提供し、それを無視して使った場合、予想される被害についての情報も伝えるべき

どのような情報を使用者に伝えるか

残留リスクに対する安全確保を使用者に委ねるために、

- 除去することができなかったハザード、リスク低減ができなかったハザードの情報
- そのハザードにより発生する危害をどのように避けるかの手段の提供：安全指示
- それを無視して使った場合に生じる危害のひどさ：警告
- 危害が発生してしまった場合の救助方法や救済処置に関する情報

- 正しい使い方、すなわち、設計者が「意図した使用法」
- 据え付け方法、メンテナンス方法及び廃棄方法
- 製造者名、型番、連絡先、寿命等の情報

です。なかには、事故が起きてしまって閉じ込められた場合、どうやって救い出すのかという救護情報や救済措置なども使用上の情報に含むべきです。これらの情報のうち重要なものは、製造番号や製造者の情報なども含めて、連絡先を機械本体に貼っておきます。本来伝えるべき情報は正しい使い方、意図した使い方ですが、これはマニュアルに書いてあります。さらには、据え付け方法や、設置環境などの情報をはじめとして、最後に使い終わってからの廃棄の仕方なども当然伝えます。

◉どのように使用者に伝えるか

使用上の情報をどのように使用者に伝えるかですが、その対象が労働安全の場合は作業者、事業者であり、製品安全の場合は消費者になります。一般的にはマニュアル、取扱説明書などに書きます。本当に危ないものは、警告、表示、ラベルで機械・設備そのものに目に入るように書き、指示します。しかし、あまり細かいものをべたべた貼ってもわかりませんから、大事な情報だけ本体に貼ります。読みやすいように大きな文字で、明白にわかるように、しかもはがれないように、劣化して読めなくならないように、表示の仕方に配慮します。製品の使い方、機械・設備の設置の仕方などは梱包に書いておく方法もあります。どうやって使用者に情報を伝えるかは、場合によって異なります。

◉使用上の情報の提供の流れ

労働安全の場合、厚生労働省が出している指針の中に、使用上の情報の提供の流れが記載されているので、これを紹介します。図の左側は、機械の設計・製造者側であり、前述したとおりリスクアセスメントを行い、スリーステップメソッドでリスクを低減します。これらのリスクアセスメントの情報は重要な情報ですので、きちんと機械設備を発注した企業に渡します。使用者側の企業がこの機械を使って製造ラインを組んだり、仕事をしたりするわけですから、この情報を渡さない限り使う側は危険源がわかりません。使用者は機械の専門家ではないので、危険源の情報や使い方の情報をもらって、はじめて使用可能となります。したがって、リスクの情報は使用者側に必ず提供することが努力義務になっています。

図の右側は、機械使用事業者側で、機械を使ってものを作ったり作業をしたりする側でも、リスクアセスメントをすることが図示されています。なぜかというと、設置してみると新しい危険源が出てくるかもしれないし、機械と機械を組み合わせると新しいリスクが生まれるかもしれないからです。そのため、使用者側も与えられた使用上の情報をきちんと頭において、本質的安全設計でリスク低減方策をし、安全防護・付加保護方策を施します。それでも残ってしまったリスクに対しては、作業者にきちんと伝えて、実際の作業者もその情報を用いて自分で訓練したり防護柵を組んだり、手袋などの保護具を付けて作業します。この流れは大事で、逆にいうと、ユーザである使用者は、機械のメーカに対して、リスクアセスメントの実施と使用上の情報を要求しなさいということです。それに応えて、メーカ側はきちんとリスクアセスメントをし、その結果を文書化するなどして、ユーザ側に渡さなけれ

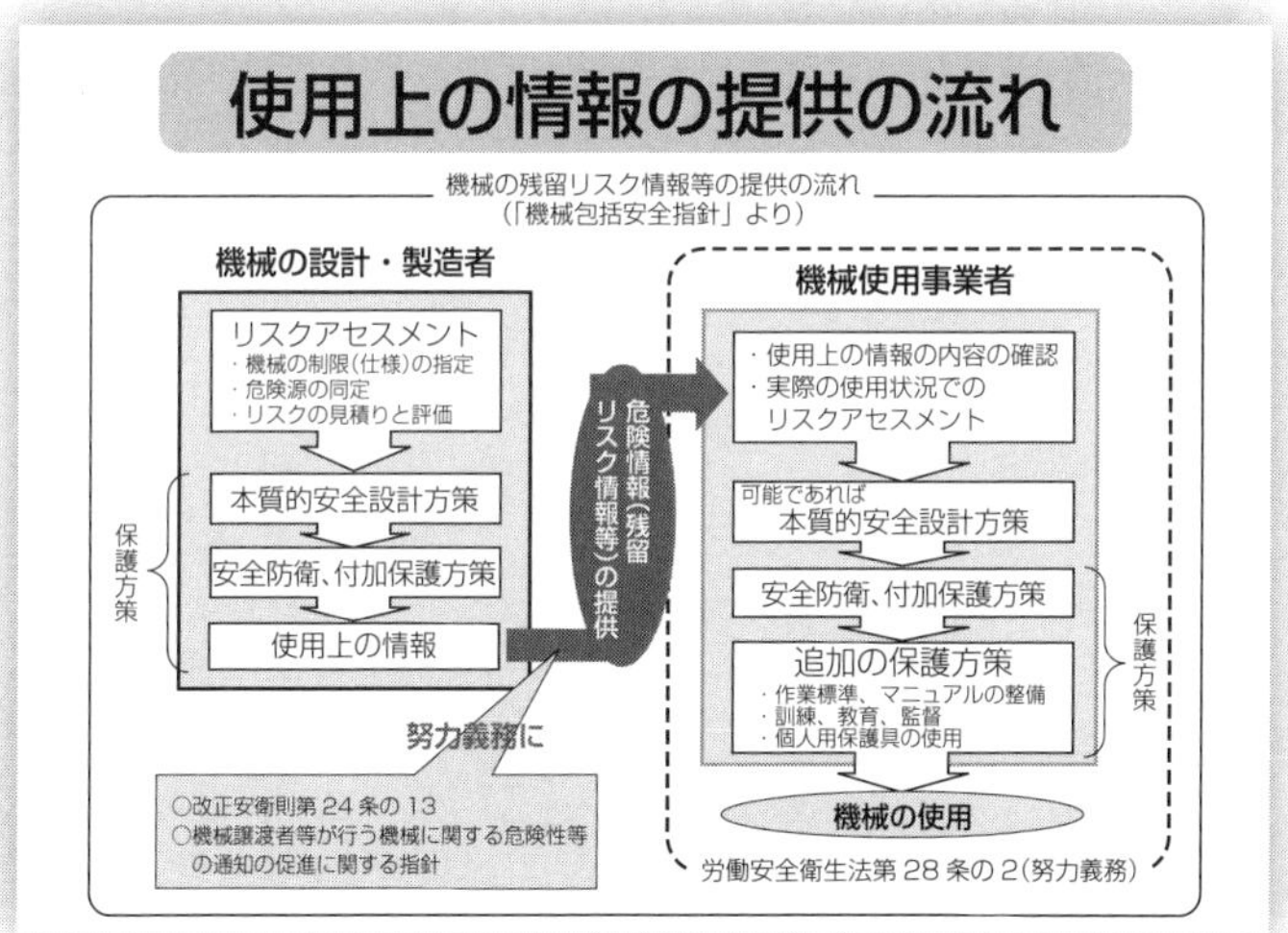

出典　厚生労働省(2012)：「機械の包括的な安全基準に関する指針」による残留リスク情報等の提供の流れ[34)]

ばなりません。ここで流れているのは、残留リスクと使用上の情報なのです。これによって、両者が協調して作業者の安全を守ることにつながります。

(2) 残留リスクの管理

◉残留リスク

機械・設備には必ずリスクが残っています。残留リスクの情報は、使用者・利用者に安全を委ねる意味で非常に重要で、それをどう管理していくかについて考えてみましょう。

残留リスクは、ISO／IECガイド51に「リスク低減方策が講じられた後にも残っているリスク」と定義されています。残留リスクは一般的には、許容可能なリスクにまで下げられて、はじめて残留リスクとして使用者側に渡されます。残留リスクは、使用上の情報として使用者に必ず伝えられなければならないものです。この使用上の情報がなければ、使用者は何に注意してよいかわからず、自分がどのリスクに対して責任をもって安全確保しなければならないかもわかりません。これは必ず伝えるべき事項であり、隠してはなりません。営業などは、残留リスクを伝えると売れなくなるといって嫌がりますが、よいことも悪いこともまじめに伝えることがその企業の信頼につながります。隠すことによって事故が起きる可能性があるにもかかわらず、意図的に隠してしまう人がいますが、これは許されません。また、情報は出せばよいというものではなく、内容が読みづらい、読んでもよくわからないといった記述も当然不可です。

残留リスクは時代とともに常に変わります。新しい技術も出てくるし、別の事故で新たな危険源が判明することもあります。その場合、残留リスクをさらに小さくしなければいけないことも起こります。そういった意味で、**残留リスクは常に小さくしていく努力を続ける必要があります。**ところが、現実には許容可能なリスクにならない場合があります。この機械は危ないということで、一生懸命リスクを下げて、もうこれ以上リスクは下げられない、でもまだ許容できない危険源が残っている。そのときにはどうするか。使用停止、使わない、売らない、これが基本です。しかし、現実にはそうはいかないこともあります。リスクを覚悟して、何とか仕事をせざるを得ない、使わざるを得ないこともあります。ではどうすればいいのか。よく聞かれる質問です。

◉残留リスクを管理に委ねる

使用禁止にする、使わないほうがいい、とむげにはいえない場合があります。そういうときは、残留リスクを管理に委ねるという考え方があります。許容可能なまで低減できなかったリスクを覚悟して、それを人間が注意して、ルールを作ったり管理しながら、人間の注意に委ねて使うのです。ハードではなく、人間の注意で安全を守るわけです。本来は許容可能なリスクになってから任せるべきですが、許容可能なリスクにまで低減できない、リスクが大きいまま任せるという状態です。そうしたときに、管理はどうするか。労働者は能力のある人、資格のある人にしか使わせない、あるいは取扱いを厳密に決めて指示するなど、いろいろなやり方があります。

こうして使わざるを得ないのが現実です。しかし、

> **残留リスクを管理に委ねる**
>
> - 残留リスクを人の管理に委ねている現実がある
> - 人の管理に委ねても、許容可能なリスクにまで低減されていない
> - 経営側の役割は、
>   - (1) 労働者に許容可能なリスクに低減されていないことを知らせること
>   - (2) 経営側が、現場の人間に危害の防止の役割を押し付けていることを自覚していること
>   - (3) 期限を切って、ハード的対策を計画すること

人に管理を委ねるということは、実際にはリスクは下がっていません。この点は重要で、許容可能なリスクになっていないことをきちんと理解しておく必要があります。リスクアセスメントにおいて、リスクの管理を人に任せたのでリスクが下がったという人がいますが、これは誤りです。人に管理を任せた場合、一般的にリスクは下がったことになりません。こういう状態で作業者に仕事をさせているとき、経営者は作業者に、実はリスクが許容可能なレベルにまで下がっていない、危険が残っている、と知らせなければなりません。また、そういう形で使わせていることを経営者は知っておく必要があります。しかし、管理に委ねるというと、すぐに易きにつく人がいて、コストが高いからもうこれ以上リスクは下がらないので、後は十分注意して使ってくれ、管理で安全を保ってくれ、などという経営者がいたとすると、これは根本的に間違いです。コストをかければハード面で対応できるのに、経営者がコストを削って作業者に任せるのは、危険な仕事を現場の作業者に押し付けている、事故を現場に押し付けていることと同じであり、あってはならないことです。**経営者は施設設備側を許容可能なリスクまで低減させてから、はじめて作業者や労働者に使ってもらう。人命尊重が第一です。**こうしたときは、期限を決めてハード的な安全対策を施す計画を示すべきでしょう。お金がかかるからといって、むやみやたらに危ないものを人間の注意、管理に任せ、安全を実現しようというのは間違いです。

(3) ヒューマンインターフェースと人間工学原則

●人間工学(エルゴノミクス)を無視した設計

リスク低減の中で一つ重要なのが、人間工学(エルゴノミクス)の原則に基づくリスク低減の方策です。人間工学を無視した設計をすると、事故につながることがあります。ヒューマンエラーの原因には、作業者の肉体的な原因もあれば、精神的、健康的、家庭内の問題なども影響します。さらに、どういう教育を受けたのか、基本的なことを知らないこともあるし、ヒューマンエラーはいろいろな問題と関係しています。特に労働者に身体的、肉体的に負担を与えることは、ヒューマンエラーや誤動作の原因になるので、ぜひ避けたいことです。人間の本来の機能や身体的な構造を無視した設備を作ったり、そうしたものを操作させたりすると、疲れてミスをしてヒューマンエラーにつながりやすいのです。

◉設計における人間工学原則の遵守

設計における人間工学原則の遵守は、本質的安全設計の一つです。人間が使う、修理する、検査するなど、いろいろなことをするときに、本体そのものを人間に疲労が及ばないように、ミスが出ないように設計するのは、本質的安全設計です。厚生労働省が出している「機械の包括的な安全基準に関する指針（２００７年に改正された）[35]」の中には、人間工学に関する三つの基準が書いてあります。人間工学に基づく配慮によって、労働者の身体的な大きさなどを考慮して設計するということです。一つ目は例えば、手を高く上に伸ばさないと届かない、下からくぐらないと検査できないなど、労働者に大きな負担を与えないようにすること。二つ目は、機械の動作、周期についてです。機械と一緒に仕事をする場合、人間は機械に合わせて速く動けないことがあります。人間には人間独自のスピードがあるのですが、機械はいくらでも速くできます。そのため、機械の動く周期や頻度が労働者の負担にならないように、労働者に合ったスピードにする。三つ目は、暗いと文字が読めなかったり、間違えたり、誤操作したりといったことが起こるので、通常の作業環境の照明が十分でないときにはもっと明るくして、十分な照度をもって安全を確保する。まさしくこれらが、設計における人間工学原則の遵守の例です。

◉人間工学原則に反する設計例

人間工学原則に反する設計例を挙げてみると、例えば重いものを持ち上げないと仕事にならないような設計は典型的です。同じような動作を毎日繰り返すこと、同じ姿勢でずっと作業をし続けること、無理な姿勢をとること、首、腰、腕、手首に負担がかかること、中腰での作業、腰に無理な負担がかかる設計などもあります。手が入りにくい、体を曲げないと入らない、相当力を入れないと動かないような操作部は、作ってはいけません。混乱するような配置も人間工学の原則に反しています。自動車でブレーキとアクセルが隣にあるなどというのは、まさしくこれに該当します。そのほかに、読み取りにくい、理解しにくい表示であるとか、どの装置からだかわからないような警告の使用もこれに当たります。これらは全て人間工学の原則に反する設計例となります。

◉人間工学原則を考慮した自動化の原則

人間工学原則を遵守する面白い例を紹介します。何でも自動化すればよいというものでないことがわかります。図は、ＮＡＳＡ（アメリカ航空宇宙局）が発表した、人間工学原則を考慮した自動化の原則です。これは第４世代の航空機といわれるハイテク機の健全な展開のために、ＮＡＳＡのＡｍｅｓ研究センターで行われたワークショップで、１９８８年に技術中心の自動化から学んだ教訓として提案されたものです。

人間工学原則に反する設計例

- 重い荷物を持つ
- 大きい部品を持ち上げる
- 同じ動作を繰り返す
- 同じ姿勢をとり続ける
- 無理な姿勢をとる
- 首、腰、腕、手首等にストレスがかかる
- 中腰での作業：腰に最も負担がかかる
- 手や身体が入りにくい場所
- 操作に力のいる操作部
- 混乱させるような操作部
- 読み取りにくい、または理解が困難な表示
- 特定できない警告の使用

⋮

図の左側は「自動化してはならないこと」です。作業者に特有のスキル、自分の得意な技能、生きがいを感じている仕事を自動化してはいけない。非常に複雑であるとか理解困難な仕事を自動化してはいけない。これは人間の直観とかいったものを理解したうえでの原則です。それから、作業現場での覚醒水準を低下させる、つまり眠くなってしまう、あるいはやる気が起きない自動化はやめなさい。自動化が止まってしまって不具合になったときに、作業者がどうすればよいかわからない自動化もやってはいけない。

図の右側には「自動化すべきこと」があります。作業環境が豊かになる自動化はぜひやったほうがいい。目が覚めるような、やる気が出るような、覚醒水準が上昇する自動化はやったほうがいい。人間のスキルにとって替わる必要はないのですが、補助するような、また、完全なものにする手伝いをしてくれるものは、自動化したほうがいい。そして、自動化の選択、デザインをどうするかというときには、現場の作業者の意見も含めて皆で検討して決めましょうという原則。これをNASAが出していました。

人間工学原則を考慮した自動化の原則（NASA、1988）

自動化してはならないこと

- 作業者が特有のスキル、生きがいを感じている仕事を自動化すべからず
- 非常に複雑であるとか、理解困難な仕事を自動化すべからず
- 作業現場での覚醒水準が低下するような自動化をすべからず
- 自動化が不具合になったとき、作業者が解決不可能な自動化をすべからず

自動化すべきこと

- 作業者の作業環境が豊かになる自動化をせよ
- 作業現場の覚醒度が上昇する自動化をせよ
- 作業者のスキルを補足し、完全なものにする自動化をせよ
- 自動化の選択、デザインの出発点から現場作業者を含めて検討せよ

(4) 合理的に予見可能な誤使用

◉合理的に予見可能な誤使用とは

次に再度、「合理的に予見可能な誤使用」という言葉について説明します。人間は間違えるものである、誤使用するものだということを大前提として、最近の設計にとって大事なものを含んでいます。

これはヒューマンエラーの対処の仕方の一つの考え方です。ISO/IECガイド51には合理的に予見可能な誤使用についての定義が書いてあります。「容易に予測できる人間の行動によって引き起こされる使用であるが、供給者が意図しない方法による製品又はシステムの使用」となっています。要するに、メーカ側には製品を作った側として、これが意図する使い方、正しい使い方というものがあります。これ以外は誤使用なので、責任は持てないと言いたいかもしれませんが、正しい使用法に従わなかったからといって誤使用かというと、そうではない。人はマニュアルを細かく読んでから正しく使うのかというと、特に家庭で使う電化製品やガス製品でそうしたことはなく、多くは直感で使っているでしょう。現場の作業員さえ直感で、人間の感覚で使っていることがあります。そうした直感や感覚に合わない設計のほうがそもそも間違っているのです。

そういう使い方をしてはいけないといっても、普通考えて合理的に予想できる間違った使い方は、設計の段階からきちんと対応することです。あまりに誤使用が多い場合は、予見可能な誤使用として、人間はそもそもそういうことをするものだと考えて、もはや誤使用とはいえないと考えるべきなのです。

◉合理的に予見可能な誤使用の対応

合理的に予見可能な誤使用についても、メーカ側であらかじめ設計の段階で対応するのが一番よいのです。

人間の誤使用を考えるとき、一般的にはフールプルーフ、間違いをすると動かなくなる、間違えられない構

造にするなどの考え方をとります。合理的に予見可能な誤使用に関しては、ユーザ側の使用者がマニュアルに書いていない使い方をするわけですから、メーカ側の設計者はそれを考慮に入れて対応する必要がある、ということは、予見可能な誤使用の領域とは、メーカとユーザの両方が協調しながら安全を実現していくべき領域なのです。この領域は、時代によって変わります。以前はユーザの責任といわれていたものが、最近ではそうでなくなっているものもあります。メーカ（設計者）が対応して、ちょっとくらいの人間の間違いでは事故にならなくなり、徐々に設計者が対応するべき領域は広がっています。

ＩＳＯ／ＩＥＣガイド51には、予見可能な使用（誤という字がない）という言葉が出てきます。これは普通の使用法を意味していて、その中に二つが含まれます。一つは意図した使用。設計者、メーカ側がこのように使ってくださいという正しい使用法、意図した使用法です。もう一つが合理的に予見可能な誤使用です。合理的に予見可能、すなわち普通考えてわかるような誤使用。これはもう誤使用ではなく、メーカが考えて対処するべき事項、予見可能な使用である、というわけです。

◉誤使用の分類

次ページの図は、ＮＩＴＥ（製品評価技術基盤機構）が誤使用の分類を示したものです。もともとは「岡のトライアングル」といって、東芝にいた岡修一郎氏が考えた図を少し変形させています。「予見可能な誤使用」の範囲までは製品で安全を確保する必要があることを表しています。一番下の正常使用、これは事業者やメーカ側が意図した正しい使い方です。その上に予見可能な誤使用という領域があります。正常使用と予見可能な誤使用の領域は、事業者の責任において、製品で安全な対応ができるようにします。その上に、非常識な使用があります。これは、メーカよりは消費者に責任のある分野で、非常識な使用をした消費者に対してはきちんと消費者教育を施すべき領域です。メーカとしては、予見可能な誤使用の場合は、誤使用などといわずに、使えなくする、動かなくなる対応をする、もしくはそういう使い方をしにくい設計をしてお

かなければなりません。これが合理的に予見可能な誤使用への対応の仕方です。

(5) 危害を受けやすい状態にある消費者

◉「危害を受けやすい状態」の意味

製品安全の場合は消費者、労働安全の場合は作業者がいますが、その消費者や作業者が詳しい製品情報を持っているかというと、必ずしもそうではありません。特に消費者はそれほど詳しい情報は知りません。これをＩＳＯ／ＩＥＣガイド51では、「危害を受けやすい状態にある消費者」と表現しています。

昔は「脆弱な消費者」と訳された内容ですが、次ページの図にあるように、「危害を受けやすい状態にある消費者」はきちんと定義されています。消費者にはお年寄りよりもいれば子どももいます。理解力があって、常識がわかる人ばかりではありません。理解力の劣っている人もいるし、身体の不自由な人もいる、精神的な問題を抱えている人もいます。こうした状況をきちんと考慮するということです。製品安全情報にアクセスできないため、どうすればこの製品を安全に使えるのか、使用上の情報を理解できない人もいます。

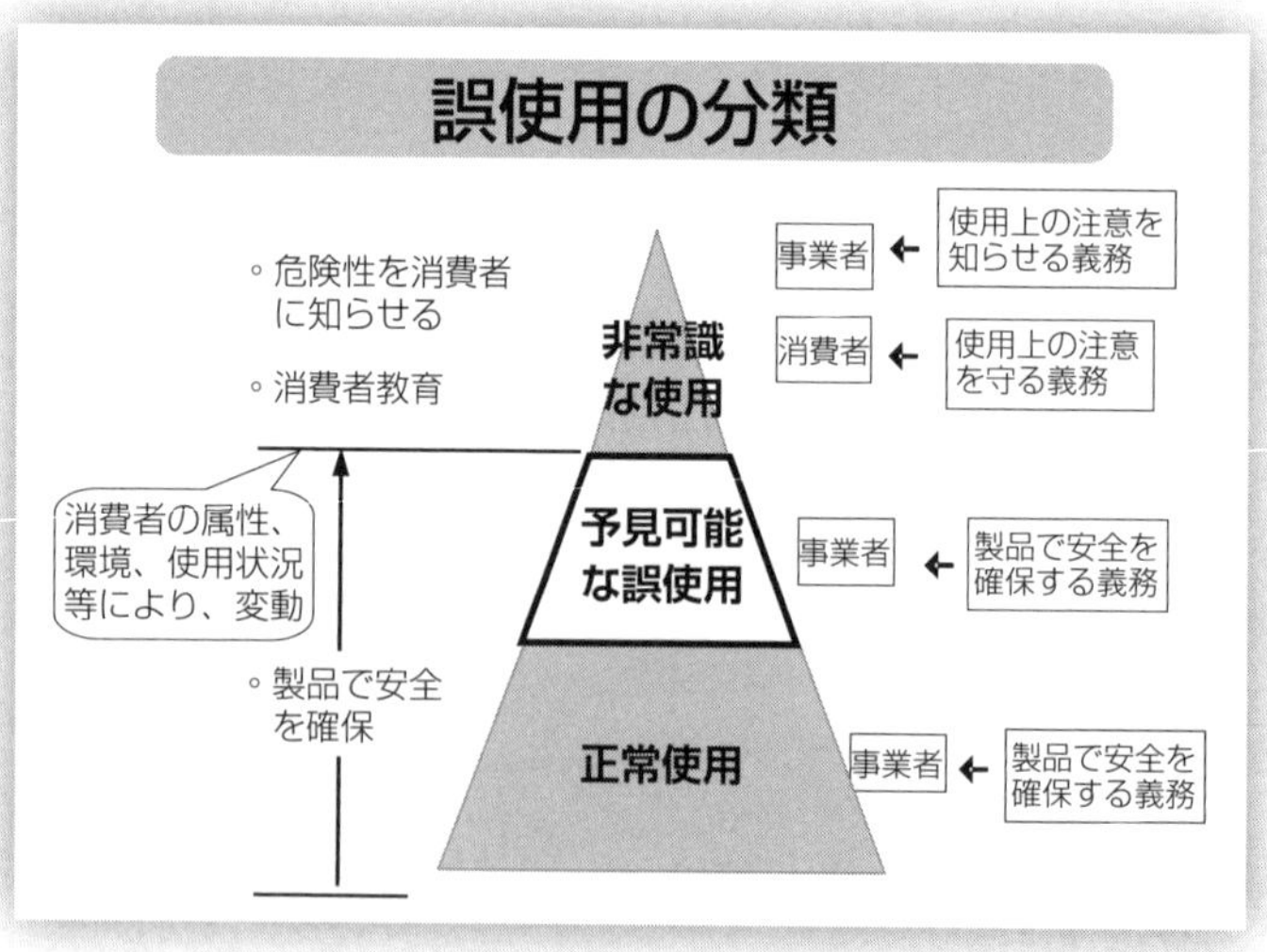

出典　製品評価技術基盤機構(2004)：消費生活用製品の誤使用ハンドブック[36)]

そうした人は製品やシステムからの危害を受けやすい、大きなリスクにさらされている。これが、「危害を受けやすい状態にある消費者」の意味です。消費者は、安全にも使用法にも十分な知識があるわけではなく、どこにどういう危険源、ハザードがあって、どのようなリスクがあるのかを十分に理解し、知っているわけでもない。製造側、提供側はそれをよく知っていて、消費者はあまりよく知らない。そうすると、供給者側、メーカ側と利用者側との間に、大きな情報ギャップがあることになります。それが原因で事故に遭ったり、被害に遭ったりするのは消費者であって、提供側ではありません。特に、消費者の中でも弱い立場にある人がいますが、その方々に寄り添って製品を作ってほしいのです。

◉幼児と高齢者の事故

幼児と高齢者の事故は増えています。小さな子どもや高齢者が使う場合、許容可能なリスクは相当小さくないと許されません。機能もデザインも性能も大事ですが、製品の安全性、安全化が第一です。そのためにリスクアセスメントを徹底して行い、どこにどういう

危害を受けやすい状態にある消費者

- 供給者側と消費者側とでは、情報の格差は歴然としている
- 製品等の事故で危害を受けるのは消費者
- 消費者は弱い立場にある
- ISO/IEC ガイド 51 の定義：(vulnerable consumer：**脆弱な消費者**)：**危害を受けやすい状態にある消費者**：**年齢、理解力、身体的・精神的な状況又は限界**、製品安全情報にアクセスできないなどの理由によって、製品又はシステムからの危害のより大きなリスクにさらされている消費者

危険源があり、どういうリスクがあるか、そして使用の条件、誰が使うのかを考えます。これは子どもには使ってほしくないというときは、「子どもの使用禁止」ときちんと書き、子どもの手が届かないところや使えないところに設置し、使えなくすることが大事です。子どもに事故が多いのは、子どもにとっては毎日が冒険で、新しいことに挑戦しているからです。昨日までベッドで寝返りが打てなかったのに、今日、寝返りを打ってベッドから落ちるということだって起きます。昨日できなかったことが今日できるようになるので、こうした事故は起き得るのです。したがって、幼児、小さい子どもを持つ親が注意をするのは当然ですが、注意だけでは守りきれないし、常に注意ばかりもしていられません。そのためにはあらかじめ、施設・設備・ハード側で子どもにとっても安全な構造にきちんと作っておくことです。

一方、最近は高齢者の事故が多く、特に日本では増える傾向にあります。その理由はある程度理解できます。高齢者は昔からずっと使っているものがあると、慣れていて、私はこれができる、と思っています。製品も、使ったことがあると思っているのです。しかし年齢が進むと、確実に肉体は衰え、身体の動きは鈍くなっています。極端なことをいえば、機能的には、去年できたことが今年はできなくなる、昨日できたことが今日はできなくなる、そういうことが起きているのです。高齢者は、自身でそう自覚することが大事です。そして、足腰をいかに弱らせないようにするかに注意することです。一般の人は、高齢者とはそういうものであると知って、優しく対応しなければなりません。しかし、**高齢者の自覚、幼児に対する親の注意の前に、そのことを設計者は考慮して、事前に施設・設備・製品側に安全を組み込みましょう。それが「危害を受けやすい状態にある消費者」という言葉が伝えたい内容です。**

(6) 技術者倫理

◉典型的な倫理問題

設計者、特に安全設計の技術者が心得るべき倫理観に関して、典型的な問題を説明したいと思います。多くの場合、やってはいけないことはわかっています。しかし、組織の中に埋もれると、前任者がやっていたからとか、本当は悪いとわかっていても習慣でやってしまうことがあります。なかには、命令だからやらざるを得ない、断ると会社を辞めなければいけないということもあるでしょう。親会社、子会社の関係で、やらざるを得ないこともあります。こうなると、自分の身の安全を考えて、安全な行動がとれなくなったりします。こうした問題は世の中にはたくさんあります。不正や危険な兆候が関係者のペナルティや責任につながる場合、仲間のためにちょっと黙っていようとか、特に自分の身に責任がかかってくる場合には、保身に意識が働くことがあります。社内でどう見ても悪いということが生じたときは、どうしたらいいか、どう伝えたらいいか、黙認すべきかという問題が生じます。内部告発する気になる人もいると思います。具体的な対応は、置かれた立場、環境によって異なりますが、こうしたときの対応については、皆さん集まってグループで議論して考えてほしいと思います。

◉技術者倫理の前に経営者や企業の倫理

倫理観は本来、常識の話です。常識の一部が良識になり、これが正しいやり方として、道徳のようになる。倫理観とは、最低限こうしましょうということであって、それを最終的に強制化したものが法律だと考えられます。倫理のうち、技術者の倫理は、技術者として当然備えるべき倫理観のことであって、やってはいけないことはやらない、やるべきことはきちんとやることです。技術者として最終的には製品を通して、消費者の便宜、利益、ベネフィットのためを目的としていますから、人の幸福の実現のためにものを作り出しているのだという自覚をきちんと持つことです。自分自身のためではなく、使用者、利用者、社会のために自分は働いている、技術を作り出しているのです。自分が作った製品で、配慮が足りず、利用者がけがをしてしまったなどは悲しいことで、あってはなりません。こうしたことがないように、技術者はきちんと倫理観を持つ。ただ気になるのは、経営側は技術者に技術者倫理を持てと言いますが、技術者倫理の前に、企業倫理や経営者倫理が先にある、それが前提だと思います。企業倫理や経営者倫理があって、そのもとではじめて技術者倫理があるのであって、技術者が一生懸命やっているのに上のほうで倫理にもとることをやっている、そんな企業が最近は目立ちます。これは本末転倒でしょう。

◉安全にかかわる技術者倫理

技術者倫理の中での安全ということでは、繰り返しになりますが、人間は間違えるものだということです。人間の誤りを想定して、誤りにくいように、誤っても大丈夫なようにどう設計するかです。設備・材料は、いつか劣化・故障して使えなくなります。それに対応する制度・技術を想定したか、考えたか。機械の不具合をきちんと想定したか。マニュアルを作ったり、ルールを作ったり、これをやりなさいと言いますが、それが完璧ということはありません。書いていないこと、ルールにないことをやったら、どうなるのか。管理が不十分だったとき、何が起きるのか、最後はどうなってしまうのか。そうしたことを想定しているか。これらを安全技術者は考える必要があります。そのときに

安全にかかわる技術者倫理

- 常識＞良識＞道徳＞**倫理**＞法律
- 技術者倫理とは、技術者として備えるべき倫理のこと
- 技術者とは、ものづくりのプロフェッショナル（専門家）であって、最終的な目的は、使用者の便益・利益のために、ひいては、人類の幸福の実現のために、ものを作り出すことにある
- 配慮が足りないと利用者に不利益を与えたり、けがをさせてしまう。要請に応えるもの、安全なものを作る責任がある
- **技術者倫理の前に、企業倫理や経営者倫理があるはず**

常に頭に置かなければいけないのが普通の倫理観、そのうえでの技術者の倫理観です。そこで、しっかりとリスクアセスメントをする。前もって危ないところを見つけて、手を打つ。リスクゼロはあり得ないことをしっかりと考える。リスクゼロはないけれども、危害ゼロはあり得て、それを目指して常に努力し、最善を尽くす。これが技術者の役割であり、安全にかかわる技術者が持つべき倫理観だと思います。

4・7　新しい安全の思想と技術

(1)　協調安全

◉ IoT時代の安全

最近の安全の動向では、協調安全という新しい考え方があります。今の時代、IoT、AI、ビッグデータ、ロボットといったICTの新しい技術が出始めています。社会にいろいろな技術が使われ、進歩し、おおむね幸せな方向に進んでいるのだと思います。しかし、技術は進歩すれば二つの側面が出てきます。一つは安全面で、新しい安全技術が出てくること。IoTなどで安全機能を実現すると、安全度合いはより高まり、安全のレベルが上がります。IoT、AI、ビッグデータで安全技術は新しい時代を迎え、夢のある素晴らしい時代が来るように思えます。もう一つは逆に、新しいリスクが出てくること。IoTによってあらゆるものがデジタル情報でつながります。そうなると、つながった社会のリスクが出てきます。典型的にはセキュリティ問題があるでしょう。情報空間、すなわちインターネット、コンピュータの世界が、現実的なロボットや機械という物理的空間とつながります。情報空間では、情報が改ざんされたり、盗まれたり、プライバシー侵害などの情報のセキュリティ問題があります。このように、ICTという技術的発展により、安全が強化されるというよい面と、情報に関するセキュリティ問題という悪い面の二つの方向が現れてきます。

ここで、安全とセキュリティの関係について考えてみます。我々が今まで考えていた物理空間における事故に対するのがセーフティ、すなわち安全です。セーフティはどちらかというと人命を救助しよう、人命を損なうことをなくそうとするのが主な目的です。一方、セキュリティは、情報に関する機密性、完全性などを人間の悪意やミス、機器の故障などから守ることです。そしてさらに、これからはアベイラビリティ（可用性）、機能が常に使えるという信頼性の概念が重視されるようになります。これからのIoT時代の安全は、セーフティ、セキュリティ、アベイラビリティの三つが融合する新しい時代です。

●これまでの安全の歴史

これまでの安全の歴史を振り返って考えてみると、人間が危ない機械を注意して使って安全を確保していた時代がありました。これをSafety 0・0と呼ぶことにします。自分の身は自分で守る時代です。その次は、機械側・設備側を安全化する時代で、これは安全技術、安全を実現するという考え方です。基本理念は、人間が注意する前に機械側・設備側で安全化して、残ったリスクを人間側の注意に委ねる時代です。これを私はSafety 1・0と呼んでいます。機械・設備の技術者が、技術で安全を実現する機械安全の時代です。機械安全では、本質的安全設計が追求される時代、制御でもって安全を実現する制御安全の時代、そして今、コンピュータを使って安全を実現しようとする機能安全の時代と、どんどん発展してきました。Safety 1・0では、いわゆる隔離の安全と停止の安全を基本とします。基本的に機械と人間を分離しているので、フレキシビリティがなさすぎました。生産性をもっと高めたい、よく止まるのは効率が悪い、人間側からも、もっと人間を大事にして生きがいを持てるようにならないかという問題がありました。IoT、AI、ビッグデータなどの活用で、これらの問題が解決可能な時代になったのです。新しいIoT

の時代、新しい技術を使った次の時代の安全のコンセプトをそろそろ考えるときが来たと思います。

◉協調安全の時代へ

私が提案するのは、協調安全というものです。コラボレーション・セーフティと呼んでいます。これは、**機械と人間を分離するのではなく、機械と人間と組織・環境が互いにデジタルデータを共有しあい、協調して皆で安全を実現しようとするものです。**それが、IoTなどのICTを使って可能になってきたのです。生産技術も発達してきました。インターネットの通信容量も増し、どこでも使えるようになった。AI技術で高度な知能を持ち、ある意味ではルール、知識を導き出すこともできる。そしてビッグデータを集めて、そこからまた新しい知識を導き出す。クラウド技術とかもできてきた。これらを使った新しい安全の技術をSafety 2.0と呼ぶことにします。Safety 0.0、1.0に対して、協調安全の概念を実現する技術をSafety 2.0と呼ぼうということです。例えば、人間のバイタルデータ（脈拍、血圧、体温などの情報）各種を機械側に発信し、機械側がこれを受けて、

これまでの安全の歴史

これまでの安全の歴史：

- 危ない機械設備（コスト、機能、性能、納期等重視）を人間が注意して使う…自分の身は自分で守る時代⇒**Safety 0.0**（基本理念：自分の身は自分で守る）
- 機械設備を安全化する…安全技術の時代⇒**Safety 1.0**（基本理念：人間の注意に頼る前に機械設備の安全化）機械安全⇒制御安全⇒機能安全

※これまでの安全で不都合が…

　◦フレキシブルな生産をしたい
　◦稼働率を高めたい、生産性を高めたい
　◦もっと人を大切にしたい
　　→隔離の原則（時間的・空間的分離）では困難に
　⇒ IoT、AI、ビッグデータ等の活用で解決可能な時代に

次の時代の安全のコンセプトは何か？

その人の資格と権限がどのくらいか、今日の体の調子はどうかなどを判断して、機械側が使用者に対して知的に、柔軟に対応する。人間が機械に対応するのはもちろんのこと、機械側も人間に対応できるようになってきているわけです。もう一方で、環境に関する情報やデータベースに蓄えられているルール、事故履歴などの情報を利用できるようにもなりました。これらを一緒にして総合的に判断し、全体としてトータルに安全を実現しよう、協調して安全を実現しよう。これが協調安全です。新しいIoT時代の安全の思想は何かと聞かれたら、私は協調安全と答えます。

（2） Safety 2.0

●安全の新しい時代

新しい安全の時代が来たと私は思います。人間と技術と組織、これらを統合し、協調して安全を実現していく協調安全の時代です。今こそ、ホリスティックに、全体的、包括的、体系的、統一的に安全を実現するときです。ICT、IoTの進歩で、それが可能になりました。人とモノと環境が協調して安全を実現しようとする協調安全（コラボレーション・セーフティ）、

協調安全の時代へ

＊技術と人間と組織・環境とが互いの情報を共有し協調して安全を確保できる時代へ（**協調安全**）

＊ICT 技術の進展でそれが可能になってきた（IoT、センサー、インターネット、AI、ビッグデータ、クラウド、…）
⇒**Safety 2.0**

例えば、

- 人間からバイタルデータや RFID 等で個人の体調、経歴、能力等を発信することができる
- 機械・設備側から、自分の状況の発信とともに、使用者や人間に対して、相手の状況に応じて知的に対応することができる
- 組織・制度・環境等から機械設備、使用者等に情報提供して、総合的・全体的に判断して管理することができる

この新しい時代の安全のコンセプトを技術的に実現しようとする新しい安全技術がＳａｆｅｔｙ２・０です。

◉Safety 2.0とは

Ｓａｆｅｔｙ２・０を次ページの図にまとめました。Ｓａｆｅｔｙ０・０は自分の身は自分で守るという時代です。この図は、左側が人間の注意力で安全を実現する領域、右側は技術で機械が安全を実現する領域、真ん中が人と機械が共存、協力して安全を実現する領域と、三つに分かれています。アミの濃い部分はリスクです。Ｓａｆｅｔｙ０・０は人間が注意して安全を実現する、機械や共存の領域では事故の可能性があることを意味しています。Ｓａｆｅｔｙ１・０で機械安全の時代になった場合、機械側も技術で安全ができるようになりました。ただし、人間はそこに近づけばけがをするので、隔離の安全、停止の安全で、協調はしないと、役割分担をきちんと分けていました。ですから、共存領域は存在しません。現実に一緒にならざるを得ないときには、特殊な場合として、エネルギーを下げたり、いろいろな方法で協調することはありますが、基本的には止まっているときしか人間は近づかない、動いて

安全の新しい時代

これからの安全の方向

技術、人間、組織の統合・協調の時代
→経営者の決断が重要となる
→人間と機械の共存
→ICT、IoT の進歩で、それが現実に

Safety 2.0

- 人とモノと環境が協調して構築される安全、**協調安全（コラボレーション・セーフティ）**と呼ぶ
- **協調安全という概念の技術的側面が Safety 2.0**

いるときには人間を機械・設備から隔離しました。この時代をSafety 1・0と呼びます。今はSafety 2・0の時代、これは人間も注意し、機械側も技術で安全を実現し、協調して一緒にフレキシブルに対応します。生産も上げ、人間の安全も実現する。それが協調安全で可能になる。そのための技術がSafety 2・0です。

◉止めない安全

従来は、止める安全として、人間が機械に近づくときには止めなければいけませんでした。Safety 2・0では、専門家で詳しい人なら近づいても止めなくていい、あまり慣れていない人だったら、機械やロボット側がゆっくり動いて止めないようにするなど、人に合わせることができます。これは、機械側が人間を見ているし、同時に人間側も機械とコミュニケーションすることによって実現可能になります。これが止めない安全です。ただし、スピードは状況によって変わります。これは0（止まる）と1（動く）の2値ではなく、途中の状態を認める「多値論理」に基づく安全といってもよいでしょう。止めない安全によっ

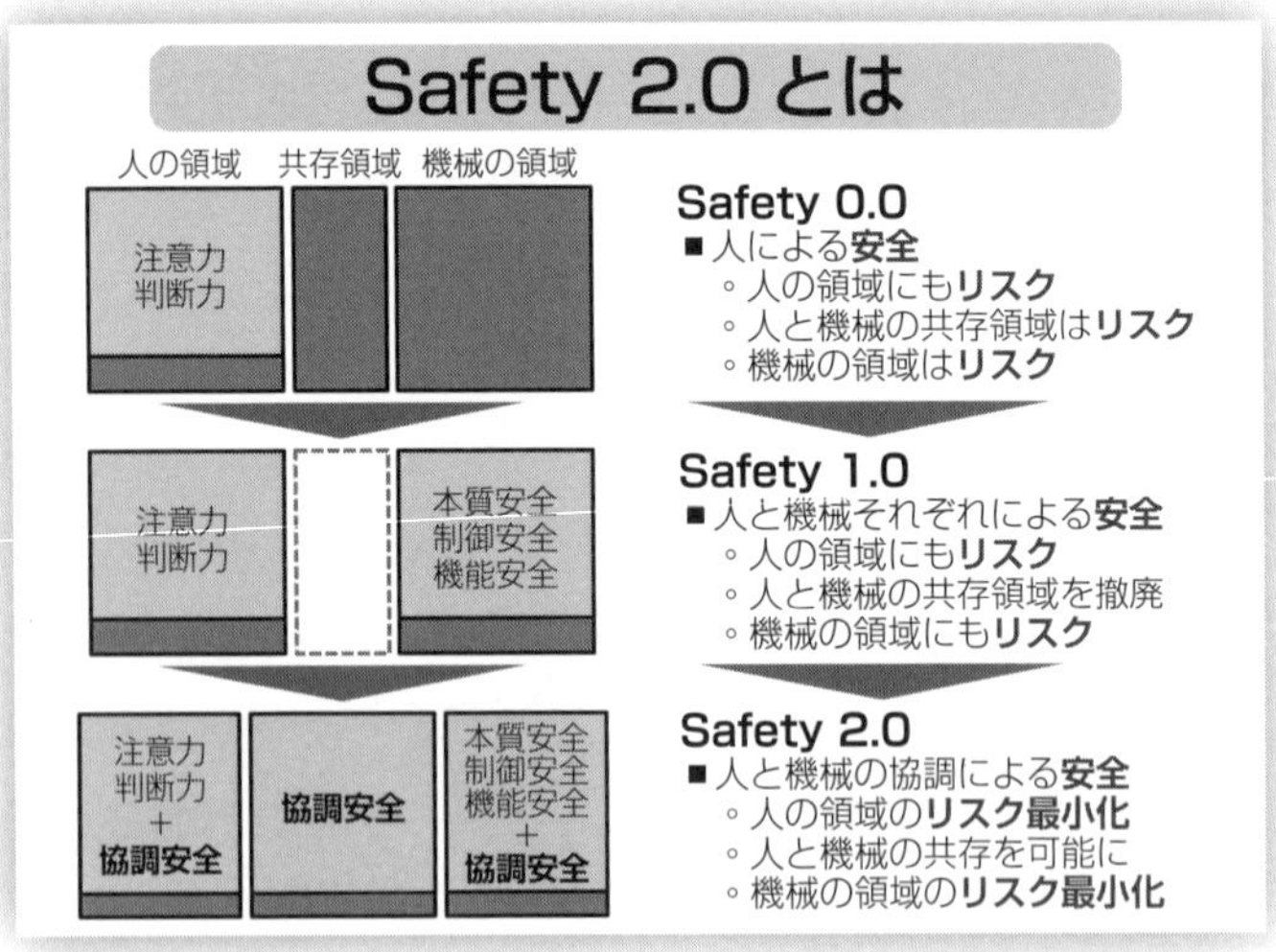

出典　向殿政男(2018)：Safety 2.0とは何か？，中央労働災害防止協会[37)]

て、稼働率が上がるため生産性も上がり、あわせて安全も実現できるようになります。

◉安全の見える化

Ｓａｆｅｔｙ ２・０では、安全の見える化が図られます。インフラなどでも、ＩｏＴを使うと常時監視ができます。安全の状態を監視できるのです。そうすると、人間の体調まで含めて、機械・設備・インフラ側の状態も監視して、安全の状況を見える化することで、互いに協調しながら安全が実現できる。現場の人の体調まで見ることによって、人に優しい経営、作業者にも優しい経営ができます。さらに、故障し始めている箇所を検知して、保守点検すべきだという予見や予知も、ＩｏＴを使えば可能になると期待されています。どこに投資をしたらよいかが、見える化によって判断できるようになります。

◉コラボレーション・フェールセーフ

電車でも自動車でも自動運転が実現化されつつあります。さらに進歩した、コラボレーション・フェールセーフともいうべき、人間も含めたフェールセーフなシステムができるのではないかと期待されます。例えば、自動車を運転しているときに、運転手の体調が悪くなったり気を失ったり、極端には心臓麻痺などで死亡したりしたとき、自動車側が判断して路肩に寄って止まる、あるいはスピードを落とすことができるのです。今まで自動運転が出る前は、自動車の安全といえば、運転手の指示したとおりに動くことでした。自動車自体が自分で安全機能を発揮したことはありません。ところがＳａｆｅｔｙ ２・０では、自動車側も安全機能を発揮し、自動車が人間と協調しながら情報を共有します。これも協調安全という概念の一つです。新しいＩＣＴの新技術によって新しい市場が生まれつつありますが、安全の世界にも広がり、人間も明るく楽しく生活ができるようになります。このように非常によい方向に安全技術が進むと期待しています。

構築安全学のまとめ——和の安全

●——日本の安全のよさを再確認する時代

最後に、安全の動向とともに日本発の安全の概念、特に和の安全を紹介します。日本の安全については、もちろん悪いところもありますが、よいところがたくさんあります。よいところを伸ばそうという意味で、日本の安全のよさを再確認する時代に入ったと思います。日本人は知識レベルが高く、優秀でまじめで、責任感がある人が多いといいます。そして、経験豊かな人がいて、いろいろな人とも協調しながらやっていくことができます。日本のよさをなんとか活かす方法はないものでしょうか。また、日本の現場も非常に優秀でまじめです。日本のよさは、自分の役割をきちんとわかりながら人のことも配慮して、全体的にものごとを考え、互いの役割を理解しながら協調していけるところだと思います。役割を明確にしてほかのことはやらない、その役割の能力だけあればいいとして完全に区切ってしまうと、異なった立場の人のことは考えなくなります。日本はそうではなくて、管理者は現場の経験者で現場のことをよくわかるし、現場の人は管理者、トップの考え方もよく理解し、それに対してどう協調するかを考えます。いろいろと異なった観点から全体で安全を管理するのが、日本の発想ではないか。全体的な観点から互いの役割を理解・尊重する、柔軟で緩やかな発想が日本の安全の現場にあるのではないか。そういう意味で役割の重複を許していいと思えます。社長は現場の仕事などをしてはいけないという国もありますが、日本では社長は現場もよく見て理解し、必要であればときどき一緒に仕事をしてみることもあります。日本にはお節介な思想があるのではないでしょうか。そう考えると、これまでの日本の安全には、人間的側面を中心とした協調安全の概念に近いものがすでにあったのではないかと思えてきます。

●——安全学とSafety 2.0

安全は、機械設備側の分野と、利用者側という人間の分野と、それから法律・規則・組織などの社会的分野、この三つが協調して実現する。これが私の提案している安全学（safenology：セーフノロジー）の考え方です。安全は技術だけでもだめ、利用者の注意だけでもだめ、法律だけ厳しくしてもだめ、皆が協調して、全体性を持ってホリスティックに実現すべきです。総合性、統一性が大事で、これらの三つが融合して安全を実現する、こう安全学は主張します。安全学の考えは協調安全とよく似ています。

協調安全では、機械・設備側が人間に近づいてきて、法律、ルール、データベースを利用し、人間の体調、訓練の度合い、取得資格についての情報をもらいます。人間側も機械が今どういう状態にあるのか、これからはどういうルールに従って動くかなどを、データベースを利用して見える化します。環境やルール側も同様です。IoTを使ってこのように分野が融合し、Safety 2.0が安全学でいう三つの領域を互いにつなぎ始めました。これは協調安全が、技術で実現できる可能性が出てきたということです。

●——Safety 2.0と和の安全と安全学を日本から世界へ

Safety 2.0は、協調安全を実現する一つの技術的な発想です。その協調安全の背景には、日本独自の「和の安全」の概念があるのではないか。少しお節介だけれども、いろいろな視点で、技術でも、管理でも、作業者でもカバーする。皆で協力してカバーして、安全を実現する考え方です。一つが悪くてもほかがカバーする、こうした和の安全が、協調安全の背景として日本にはあったのではないか。安全学も、自然科学すなわち技術的なもの、社会科学すなわち法律・ルールそのもの、そして人間すなわち人文科学の三つが融合して、安全を創ろうとするものです。従来の機械安全は、機械設備の安全化とそこで残ったリスクの情報を利用者に渡す、それらがきちんと実行されているかを、法律・ルール・組織で管理するなど、役割分担が非常に明確に分かれていました。日本はこれを基本としながらも、境界をダブらせて、互いに協力しようとする日本の和の安全が背景にあり、これが協調安全という新しい安全の概念に結びつきました。それをSafety 2・0という技術により実現が可能になってきています。それと同時に、安全学は統一的、全体的に考えて安全の学問を確立しようとしています。Safety 2・0や協調安全、和の安全、安全学といったものは、日本から世界に発信できる思想、技術、学問である。その日本の安全のよさをよそにも広めていきたいと思っています。

これで、構築安全学を終わります。この構築安全学の各項目は、将来、きっと皆様の役に立つと思います。最後に、安全に関して、全体的に総合的に相対的に考え、その中で自分の役割をしっかり自覚して自分の分野を深く掘り下げ、その分野のプロフェッショナルになることを願っています。

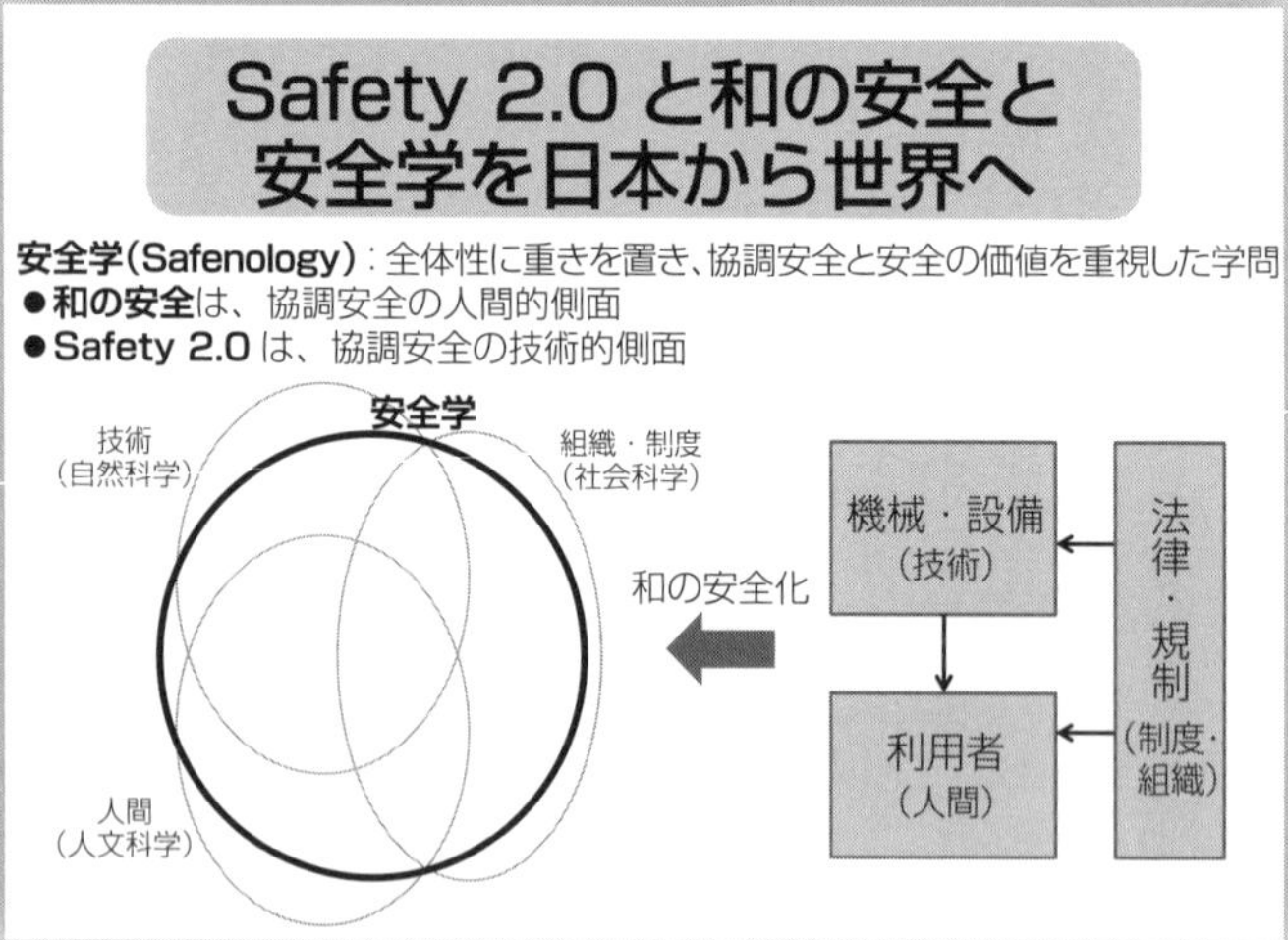

Safety 2.0 と和の安全と
安全学を日本から世界へ
安全学(Safenology)：全体性に重きを置き、協調安全と安全の価値を重視した学問
●和の安全は、協調安全の人間的側面
●Safety 2.0 は、協調安全の技術的側面
安全学
技術（自然科学）
組織・制度（社会科学）
人間（人文科学）
和の安全化
機械・設備（技術）
利用者（人間）
法律・規制（制度・組織）

事故に学ぶ

本書ではここまで、どの安全の分野にも通用するように、一般論として基礎安全学、社会安全学、経営安全学、そして構築安全学に分けて、基本的な考え方に重点を置いて紹介してきました。しかし、現実の安全の確保は、具体的であり、かつ個別分野に独特な点があります。そして、事故は実際に現場で起きています。本書で学んだ基本的な考え方と、実際の安全確保や事故防止の間をつなぐには、想像力と工夫と現場の知恵が必要になります。両者の関係を結びつけるには、実際の事故に学ぶのが一番です。

ここでは、著者がかかわった三つの質の異なる事故、「エレベータ事故」、「こんにゃくゼリー事故」、「福島第一原発事故」を事例として紹介し、それぞれの原因と対策について解説します。これらの例を通して、これまで学んできた安全学の内容とどうつながっているのか、そして、自分の問題として原因と再発防止策を考えてみてください。さらに、これらの事故から、安全の教訓として四つの安全学に付け加えるべきものはないかを考えてみてください。

1　事故の原因は複合的である　＜エレベータ事故＞

（1）エレベータ事故の概要

◉事故の概要

　ここにとりあげるエレベータの事故は社会に大きな影響を与えました。これ以降、国土交通省も巻き込んでエレベータの安全規格などを制定し、エレベータの安全性は高まりました。

　その事故の概要です。２００６年6月3日の夜7時20分頃、東京都港区の23階建て公共賃貸住宅で、当時16歳の男子高校生が自転車を引いてエレベータに入り、自分の階で降りようとしました。ところがドアが開いたままエレベータが動き出してしまい、高校生は乗降口とエレベータの床の間に挟まれて脱出できず、救出はされたものの死亡しました。死因は、乗降口とエレベータの床の間で圧迫されたことによる窒息死。エレベータがドアを開けたまま動くことを戸《と》開《かい》走行、または戸《と》開《びら》き走行といいますが、エレベータで戸開走行が起きるなどとは誰も思っていなかったことが、この事故では実際に起きてしまいました[11]。

　エレベータで、戸開走行以外に事故につながる危険は二つあります。一つはロープが切れること。これは昔からあった事故のため、すでに全てのエレベータに安全装置による対策がなされており、最近ではめったに事故は起きません。たとえ起きても安全装置で助かる仕組みになっています。もう一つは、エレベータがその階に来て、箱（かごという）がないのにドアが開いてしまうこと。ドアが開いたからには当然かごがあると思って、待っていた人が足を踏み出し、落ちてしまう事故です。

◉電磁ブレーキの構造

なぜこんなことが起きてしまったのか。それを知るためには、エレベータの構造を知る必要があります。エレベータはある階に来ると電磁ブレーキ[12]のブレーキライニング（摩擦材）のパッドで動かないように保持され、止まっています。そのためには、電磁ブレーキのソレノイド[13]のコイルの電気を切り、スプリングばねによって自動的にブレーキアームが閉まってかごが動かないように保持されています。扉が開いて人が出入りし、扉が閉まったら、再び動くために電磁ブレーキのブレーキアームが開きます。するとブレーキが

11　この事故では、事故発生から3年後に、製造メーカから2名、保守管理会社から3名、合計5名が業務上過失致死で起訴されたが、最終的には全員無罪が確定している。

12　電磁ブレーキは摩擦を用いたブレーキで、ここで紹介するタイプは、スプリングばねなどの力で常に摩擦ブレーキを働かせておき、ブレーキを解除するには、電気を流して磁力を発生させた電磁石により、ブレーキを吸引力で引き離す。故障などで電気が来なくなると自動的にブレーキが働くフェールセーフな構造。

13　ソレノイドとは、長いらせん状のコイルの中心に鉄芯を置き、コイルに電流を流すことで磁力を発生させて、鉄芯をコイルに沿って動かす機構のこと。

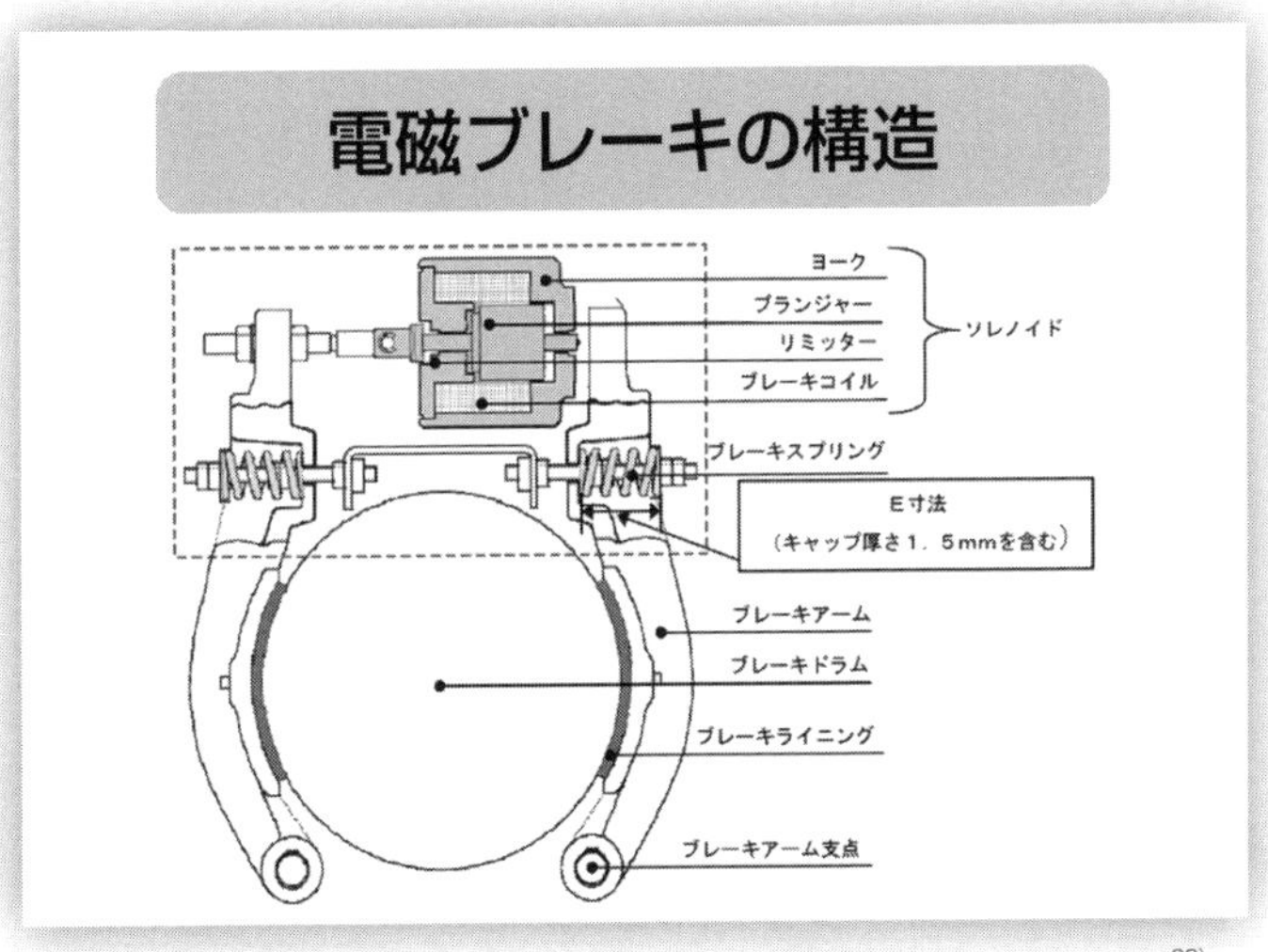

出典：国土交通省(2009)：シティハイツ竹芝エレベータ事故調査報告書[38)]

解放されるので、電動モータでエレベータを自由に動かせる、という構造です。ブレーキアームを開くには、ソレノイドのコイルに電気を流し、スプリングばねに逆らって開けることになります。目的の階に行くためには電動モータを使いますが、その階で止まったら、再び電磁ブレーキのブレーキライニングのパッドで動かないようにするわけです。

　このエレベータが止まる機構はフェールセーフという、壊れても安全な構造です［4・5(5)「フェールセーフ」参照］。ソレノイドのコイルが壊れたり電気が切れたりして故障すると、自動的にスプリングばねが閉まって止まる、このことを頭に置いておいてください。

●エレベータの安全装置の問題

　このエレベータでなぜ戸開走行が起きたかには、いくつかの原因があります。一つは、このエレベータは、開くたびに電磁ブレーキ部分が少し揺れる構造になっていました。動くたびにコイルにストレスがかかるため、途中でコイルの配線がショートして巻き数が半分になってしまっていた。これにより、ブレーキを広げる力が弱り、半開きになってしまいました。ブレーキが半開きの状態なのに開いているという信号が出るので、電動モータは動き出します。半開きということは半分ブレーキがかかっているわけで、ブレーキパッドが激しく減ります。その結果、止めたつもりが、滑ってしまって戸開走行が起きてしまった。これが主な原因です。

　このエレベータは、ロープの両端に、人が乗るためのかごと釣り合い用のおもりがつり下がって、バランスを取る方式（トラクション式）でした。事故当時は、被害者を含め乗客が2人しかいなかったため、おもりのほうが重く、エレベータのかごが上昇することで事故が発生しました。

●保守点検者の問題か

本来は、保守点検でブレーキパッドの厚さを見て、ある程度までパッドが少なくなれば、ソレノイドを調整することで常にブレーキが働くようにします。保守点検で安全を守っているわけです。法律では、保守点検は年に1回ですが、保守点検業者と契約を結び、1か月から2か月に1回の割合で、必ず保守点検をしていました。今回の場合、保守点検の人がどれだけ一生懸命見ていたかという、人間的問題もあります。しかし、前回の保守点検では摩耗は少なかったが、次の点検のときまでに急激に減ってしまった、という事態もあり得ます。

(2) エレベータ事故の本質

●保守点検者は正しい保守をできる状態にあったたか

エレベータ事故の本当の原因は何だったのか。保守点検の人が見過ごしたとも考えられますが、この人が本当に正しい保守をできる状態になっていたかを考えてみます。

これまでのエレベータでは、メーカの子会社がメーカと一緒に保守点検の仕事をするのがビジネスモデルでした。しかし規制緩和により、保守点検だけを公開入札で独立業者が入れることになりました。今回の件では、港区にある公共のエレベータに対して、独立系の保守会社が、従来の保守点検費用の約3分の1で入札して落ちました。メーカは自分の子会社が保守点検するならばマニュアルや保守点検情報を渡しますが、その他の業者が来ると、競争相手と考えてあまり情報を提供しません。したがって、落札した独立系の保守点検業者は、そのエレベータの詳しい情報を知らず、マニュアルがない状態で保守点検をしていました。保守点検に携わった人は、このエレベータに対して、十分な教育を受けていなかった、情報をもらっていなかったという問題があります。こうなると、この保守点検者だけが悪いとは言い切れませんが、保守点検業者にも当然責任はあります。保守点検業者が、教育を行っていない状態で応札することは受け入れられません。

しかしその背景には、メーカが子会社以外には情報を渡さないという社会的な習慣、組織的な問題があるのです。エレベータ業界の体質、商習慣という文化にかかわる問題です。

◉安全基準は十分だったか

もう一つ、エレベータの安全基準が十分だったかを考えてみます。エレベータの基準は、建築基準法の中で決まっています。一級建築士や二級建築士、または国土交通大臣が定めた資格を有する人が検査し、結果を特定行政庁である東京都、区、市などに報告することになっています。ヨーロッパの基準では、エレベータのブレーキは二重でなければなりません。日本ではそれまで事故が少なかったこともあり、一重でよかったのです。この事故が起きてからは、ブレーキは二重に、そして戸開走行が起きない装置をつける、と基準が変わりました。メーカは保守点検マニュアルがメーカの子会社以外にも渡るように、エレベータの所有者、管理者にも渡すことになりました。管理者はこのマニュアル内容を持って保守点検業者に点検を委託することになり、きちんと情報が伝わる形になりました。

エレベータの保守管理の本当の責任者は誰かというと、マンションでは所有者、つまりマンションの管理組合の組合長です。所有者は、エレベータの詳しい情報をメーカからもらい、その情報に従って保守点検業者に依頼する役割があります。今回の事故を経て、国土交通省などが法律や基準を変えることにより、エレベータはより安全になりました。

◉事故の原因は複合的である

この問題は、どこに原因があったのでしょうか。技術的側面から考えると、保守点検業者や機械そのものに問題があったとも考えられますが、保守点検を適切に行っていれば問題ないエレベータなので、人間的側面として、保守点検業者の人の問題もありました。それから社会的な組織、法律、習慣という、安全学でいうところの組織的側面の問題もありました。エレベータの安全運行には適切な保守点検が不可欠であるため、エレベータメーカの基本的なビジネスは、エレベータ本体を低価格で販売し、その後定期的な保守点検作業をメーカ系業者が受注することで、長期的に利益を得るというビジネスモデルでした。しかし、規制緩和により保守点検を専業とする独立系企業が設立されて、技術情報の不足やマニュアルの未整備、点検員に対する教育不足があるにもかかわらず、当該エレベータメーカ系業者の3分の1の予算でこの独立系業者は受注していました。

こう考えてくると、この事故の原因は複合的であり、総合的、全体的に考えないと解決できないことがわかります。ですから、事故原因を究明し、再発防止策を立て、新しい基準、新しい技術、新しい教育で安全を保つことがいかに大事かということを考えさせてくれる事例でした。

事故の原因は複合的である

(1) **技術的側面**：S社のエレベータ製品、特に、安全装置の問題等

(2) **人間的側面**：保守点検者の能力の問題、利用者の問題等

(3) **組織的側面**：保守点検の管理の問題、マニュアル整備の問題、所有者の管理の問題、製造メーカと所有者と保守業者との情報共有の問題、事故情報の収集の問題、保守管理契約の問題、安全基準と規制の問題等

これら三つの側面から考察することができる

2　商品そのものの安全化を　＜こんにゃくゼリー事故＞

(1)　こんにゃくゼリー事故の概要

◉事故の概要

赤ちゃんや子どもが、こんにゃくゼリーを喉に詰まらせて窒息する事故がありました。こんにゃくゼリーのメーカのウェブサイトには、「冷やすと一層おいしく召し上がれます」と表示されていたため、消費者がゼリーを冷凍することがありました。２００８年に起こったこの事故は、祖母が冷蔵庫でこんにゃくゼリーを凍らせておき、半解凍状態で硬かったものをちぎって孫に与えたところ喉に詰まらせ、病院に搬送されましたが、約2か月後に亡くなりました。

アメリカ、カナダ、オーストラリア及び韓国では２０００年以降、こんにゃくゼリーによる死亡事故が発生しており、商品の回収や規制が行われていました。ＥＵ（欧州連合）では、２００３年よりゼリー菓子の材料にこんにゃくの使用を禁止する決定がなされています。しかし日本では現在、製品に対して公的な規格や基準の設定、規制などは特に行われていません。

◉重症事故を招く食品

日本での状況を調べる調査に参加した経験を踏まえ、子ども、特に12歳以下が重症になった事故で、窒息した例を考えてみましょう。こんにゃくゼリーは喉に詰まらせてしまうと、ほとんどが重症かそれ以上の被害になってしまいます。子どもはアメ玉やパンなど、いろいろなものを喉に詰まらせます。しかし、アメ玉は助かる割合が高く、死亡もめったにありません。一方、こんにゃくゼリーは重症になる割合がきわめて高い。消費者庁で取ったデータによると、重症以上になる確率は90％近くです。なぜかというと、こんにゃくゼリーは喉に詰まらせると除くことができない性質のためです。こんにゃくゼリーは子どもにとっては非常に危ない。国によっては輸入を禁止しているほど危険です。

◉窒息事故件数の多い食品

消費者庁がこんにゃく入りゼリーによる窒息事故に関連して、事故発生のリスク低減につながる方策を見いだすため、調査を行ったことがあります。表は、全年齢帯で窒息の原因となる食べ物の事故数を比べた例です。窒息の例はたくさんありますが、断然多いのはもちです。正月に高齢者が喉に詰まらせて、毎年何人かが亡くなっています。これ以外にもご飯とか、中にはおかゆで窒息した例もあります。カップ入りのゼリーには柔らかいゼリーもありますが、こんにゃくゼリーのように硬いものもあり、それらを含めて喉に詰まらせる事故が起きています。こんにゃくゼリーは危ないから発売禁止という意見はすぐ出たのですが、食べ物は本人の問題、文化の問題という性格もあり、禁止することは簡単ではありません。こんにゃくゼリーをすぐに輸入禁止した国も確かに

窒息事故件数の多い食品

	食品・製品分類	計	重症以上	軽症	中等症	重症	重篤	死亡
1	もち	406	54.7%	113	71	75	128	19
2	ご飯	260	29.6%	120	62	29	35	14
3	アメ	256	1.2%	245	8	2	1	0
4	パン	238	33.2%	97	62	27	40	12
5	すし	76	44.7%	26	16	12	16	6
6	おかゆ	57	28.1%	26	15	13	2	1
7	りんご	57	5.3%	47	7	1	1	1
8	団子(みたらし団子)	55	45.5%	22	8	10	13	2
9	バナナ	40	32.5%	18	9	4	8	1
10	カップ入りゼリー	31	32.3%	11	10	5	2	3

出典　消費者庁(2010)：「食品SOS対応プロジェクト報告」での検討資料[39)]

ありますが、日本ではまだ禁止になっていません。こんにゃくゼリーを禁止にするなら、それよりはるかにリスクの大きいもちを発売禁止しろという意見も出るかもしれません。しかし日本でそれはできないでしょう。ここで立ち止まって考えてみたいと思います。

(2) こんにゃくゼリー事故の本質

◉冷やして食することの危険性

こんにゃくゼリーは、硬さが強く破砕されにくいこんにゃくを使っており、口の中でつぶれにくいため、食べたときの形のまま喉に入ることが多くなります。さらに、こんにゃくゼリーの硬さは、室温と比較して冷温で著しく大きくなります。冷温のほうくっつきやすい傾向が高まるためです。この結果、こんにゃくゼリーを冷やして食することが、子どもや高齢者にとって窒息の一つの要因であると考えられます。それでは、どうすればよいのか。

◉再現試験における力学特性とサンプルの変形イメージ

図はある大学にお願いして、消費者庁で事故調査と原因究明を行ったときのデータです。縦軸は材質がど

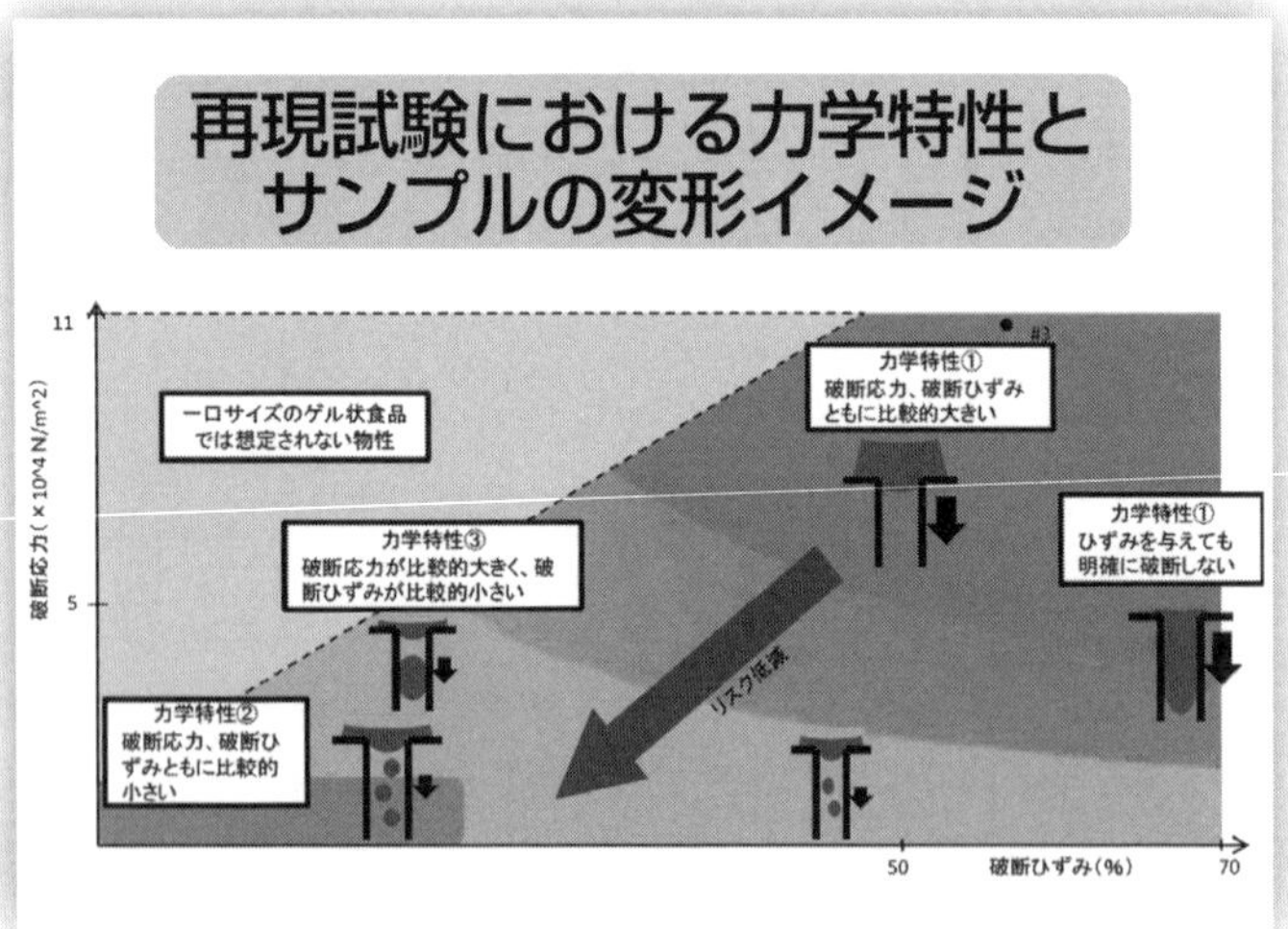

出典　消費者庁(2010)：こんにゃく入りゼリー等の物性・形状等改善に関する研究会報告書[40)]

れだけ伸びるのか、伸びやすさを示しています。一方横軸は、壊れにくさを示しています。図の一番左側の下はお豆腐のようなもので、柔らかく、すぐばらばらになり、伸びないものです。事故のあったこんにゃくゼリーは、一番右上にポツンとある点になります。これは非常に長く伸びて、壊れないことを示しています。いったん喉に入ると壊れず出てこない、何もできないような材質なのです。これを対策するには、材質を変えることです。引っ張ると壊れてばらばらになる、またはそれほど伸びないで切れる、あるいは柔らかい材質のものに変えるといった対応が必要です。

◉注意書き以前に商品そのものを安全化

こんにゃくゼリーに関して消費者庁で調べた結果、赤ちゃんには注意して与えるということになりました。赤ちゃんは字が読めないので、大人が与えるときにきちんと注意書きを読んで注意する、あるいは、小さな子どもに与えるのはやめる、ということです。ところがこんにゃくゼリーは、食べごたえもあるしあまり太らないので、人気の高い食品です。赤ちゃんや高齢者は気をつけましょうという注意書きを添えただけで十分なのか。本来は注意書きの前に、商品そのものの安全化が必要です。そのためには材質を変える、材質がだめなら形を変えるという結論に達します。材質は、弾力性を下げるか硬さを下げるかです。材質を変えて豆腐みたいな柔らかいゼリーにすれば、窒息のリスクは非常に小さくなります。そうでなければ大きさを変える、形状を変える。ある実験では、1センチ以下にすると、こんにゃくゼリーは子どもの喉の中に入っても窒息しません。5センチ以上に大きくすれば、かまないと呑み込めないことがわかりました。そのままだと食べられない大きさにすれば、かまないといけないので窒息のリスクは小さくなります。大事なことはこのように、注意書きの前に、材質や大きさを変えて商品そのものを安全化することです。

◉こんにゃくゼリー事故の結論

こんにゃくゼリー事故の結論としては、リスクを下げる科学的根拠が明確になったので、メーカはこれを参考にして、こんにゃくゼリーで窒息するリスクが少なくなるように安全化を図って作っていただきたいということになります。行政はこれを参考にして、なるべくリスクの小さい、特に子どもにとって安全な商品を開発するよう指導してもらいたい。こんにゃくゼリーのようなものは、材質を変えるか大きさを変える対策を講じる。それでも窒息のリスクがゼロにはならないので、注意して食べることが必要です。注意書きをしっかりと読み、大人が注意して子どもに与えるべきです。売るほうもまた注意が必要でしょう。菓子売り場に置けば子どもたちが食べたがるので、食品売り場で売るよう指導することもできます。しかし、注意の前に最も大事なことは、製品そのものの安全化です。

食文化の問題ですから、日本では即座に販売禁止とはならず、今でも販売されています。どうしても、個人が気をつけるという面は残ります。昔から食べられているものについては、どういうものが危ないかがよくわかっているので、習慣として許す傾向にあります。ただし、新しく商品を出すときには、かなり厳しい規制があります。こんにゃくゼリーの科学的な事実がわかってから、こんにゃくゼリーを作ったメーカは、クラッシュタイプという製品を売り出しました。こんにゃくゼリーを1センチ以下に小さくし、周りを柔らかいゼリーで包み、大きさを変えずに、2種類のゼリーを一緒にしました。食べ心地は以前のものとほとんど同じで、もし喉に詰まらせても、周りが柔らかいので融けてなくなり、残るのは1センチ以下なので、そのまま喉を通ります。窒息のリスクが非常に小さくなる商品を開発したわけで、よく考えられていますが、従来のこんにゃくゼリーも発売されています。食文化の問題を含むと単純な結論は導きにくくなります。

3　リスクが極めて高いシステムの安全設計〈福島第一原発事故〉

(1)　福島第一原発事故の概要

事故を語るとき、私たちは福島第一原発の事故を外すわけにはいかないでしょう。この事故についてしっかりと反省し、より安全なものを作るにはどうすべきかを私たちは考えないわけにいきません。これは国民の問題、事業者の問題、国の問題でもあります。

原子力の事故は常にあり得ます。原子力発電所は、地震などで止まったとき、緊急に安全装置が働きます。スクランブルといって制御棒が原子炉に入り、それまで臨界に達して熱を出していた核分裂を止めます。そして水で冷やすことで原子炉を徐々に冷却して運転を止めます。これを冷温停止といいます。制御棒が入って核分裂を止め、冷やすことで止まる、これが原子炉事故での正常な、安全な止め方です。東日本大震災の場合、ほとんどの原子炉は安全に止まりましたが、被害にあった福島だけがうまくいかず事故に至りました。

●正常反応と事故の状況

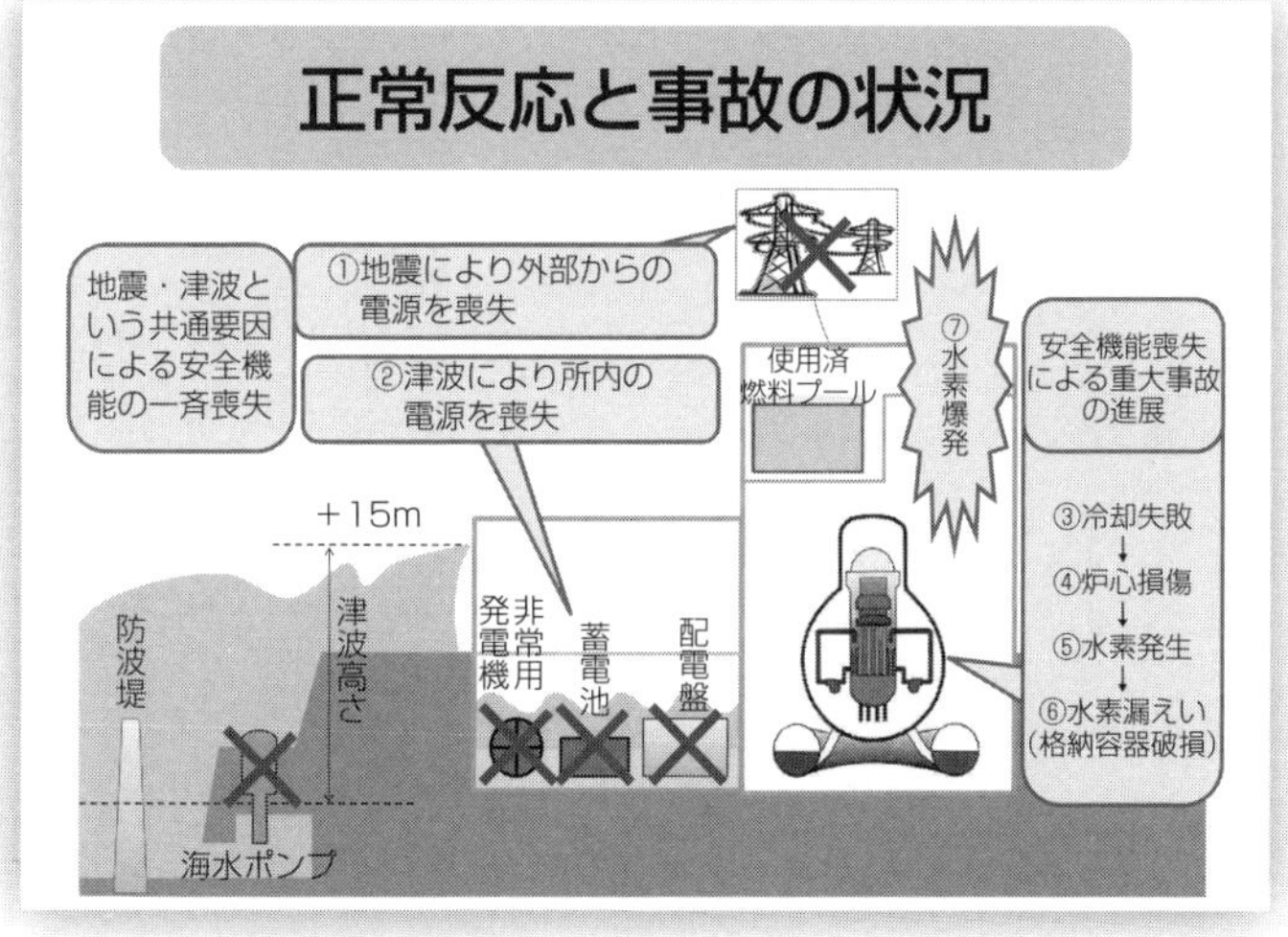

出典　原子力規制委員会(2014)：九州電力 川内原子力発電所設置変更に関する審査結果について―概要―[41]

地震の後の大津波で、電気が全て止まってしまったからです。非常電源もありましたが、水に浸かって全て使えず、全電源喪失という現象が起きました。電源がなくなると、冷却水で原子炉を冷やせません。冷やせないと燃料棒は崩壊熱でだんだん熱くなり高温化します。水は蒸発し、ついに燃料棒が表に露出してしまう。そうするとますます高温化し、燃料棒は溶解、メルトダウンして、原子炉の下に落ちてしまいました。炉心の中と同様に、使用済み燃料プール内でも同じことが起き、燃料棒を囲っていた材料が関係して水素が発生する。その水素が建屋内に溜まり、水素爆発を起こします。爆発により建屋内にあった放射線物質が拡散、原子炉の格納容器そのものがメルトダウンで破壊され、高濃度の放射性物質が外へ出ていき、大きな事故になりました。

◉今後の安定化への手順

その後の原子炉の安定化をどうするかは大問題です。現在はうまくいっていますが、応急処置は大変でした。現場は本当に一生懸命やったと思います。原子炉そのものが爆破するまでには行かず、きちんと冷却して止めることができたという意味で、応急処置の対応、現場の決死の努力は、高く評価すべきだと思います。電源を引っ張ってきて冷却するシステムを作り、核燃料を冷やして、その後の放射線の閉じ込めもうまくいきました。一方、土地の汚染は、かなりの部分を除染できたものの、高濃度汚染の土地はまだ残っています。原子炉そのものの廃炉も決まりましたが、汚染除去にはたぶん数十年はかかると思われます。

もっと大きな問題は、原子炉の場合、使用済みの核燃料を何十年もずっと冷却し続けないといけないことです。本当に無害になるためには、きわめて長い時間がかかります。高濃度の核廃棄物を無害化する技術はまだないため、地下深く埋めなければならず、何十年、何百年かかるかわかりません。

◉原発事故の反省

　この原発事故で我々は何を反省すべきか。安全規制基準はあり、基準どおりに運用していたにもかかわらず、予想よりはるかに高い津波が押し寄せて事故に至りました。明らかに原子炉に対する安全規則、安全基準などが甘く、津波に対する想定が緩かった。そして、事故後の対応などを十分に考えていなかったのが問題です。

　もう一つ、重大な欠点がありました。技術は必ず進歩するとともに、経験していない事故も起きるし、津波や地震などもっと大きな災害が起きる可能性もあります。新しい事実が出てくれば、それに従って State of the art、すなわち常に基準を見直す。事業者は適切に体制を作って、その基準を超えるより安全なものを確保する役割があり、国は最新情報に従って安全基準を見直す役割がある。これができていなかったのではないか。

　原子力発電所の大きな事故は 3 回目です。最初はスリーマイルアイランドの原発事故で、この事故の原因は、機械や施設整備ではなく、ヒューマンエラーの問題を我々に提供しました。次がチェルノブイリ原発

原発事故の反省

- 今回の事故は、安全規制どおりに設計、運用を行っていたにもかかわらず、発生した
- 想定したよりもはるかに高い津波が押し寄せた
- **明らかに安全規制の内容、想定が不十分であった（甘かった）**
- **想定外のことは（最悪事故は確率的に小さいから）起きないとして、その対応を考えておかなかった**
- **State of the art の原則に従い、最新技術、最新情報を安全規制更新に生かしていなかった**
- 今回の根本的な反省点は何か？
  スリーマイルアイランド原発事故：**ヒューマンエラー**
  チェルノブイリ原発事故：**安全文化**
  福島第一原発事故：**？**

事故。原子炉を安全に保つためには、技術は最新のものを使わなければならないこと。そして、安全の重要性をトップから現場まで意識することなく慣れに従って運転してはならないこと。これらが示されることにより、世界中の原子炉が安全文化をどう構築するかについて検討し始めました。それでは、福島第一原発事故から我々は何を学ぶべきか。常に最新の技術で見直すことです。福島第一原発では、減価償却がすでに終わった原子炉を使っていました。そこで使用している技術が実はまだ古いままだったのです。では、そうしたことだけが問題だったのか。いや、国、企業のトップ、それから私たちも含めて、全員が安全をどれだけきちんと意識し、考えていたのかという、私たち自身の問題でもあり、事故が起きることを大前提として対応していなかったことが、大きな反省点でした。私たちには、この反省点を明らかにし、原因を究明して、再発防止へとつなげていく責務があります。

(2) 福島第一原発事故の本質

◉原子炉における最大リスク

東電の福島第一原発の事故は、本当は何が原因だったのか、その本質を考えてみます。

原子炉にはリスクが必ずあります。そのリスク、危険性は非常に大きいのですが、ベネフィットもまた大きなものです。安定して大量の電気を供給させるのにこれほど便利な道具はありません。リスク、危険性があることを覚悟して、いかに安全にするかを技術、運用、体制、法律などを用いて行ってきたわけです。原子炉が絶対に安全だと思っている原子力技術者は誰もいないと思います。核燃料物質は濃縮されており、常に冷却していないと安全が保てないからです。電気がなくなって冷却する動力がなくなると、制御不能になります。例えば電車や自動車は止まれば安全、という条件が成り立ちますが、原子炉の場合は、常に電気で冷却していないと安全が保てないシステムです。それ以外にも原子炉は、ちょっと誤ると急激な核分裂が起こり、臨界に達して様々な放射線が拡散する。ひどいときは原子炉が爆発する事故が起きます。また、冷却する機能がなくなると、水素が発生して水素爆発も起き、高濃度放射線が世界中に散らばってしまいます。原子力発電所には、核分裂の制御が必須です。冷却には必ず電源、電気が要ります。福島の原子炉では、制御棒の出し入れも電気で行っていました。電源がなくなると原子炉の安全を確保できない構造です。今回の事故原因は何かというと、技術的には極めて単純で、全電源喪失です。

◉安全の責任――安全学からの視点

安全学の視点から安全の責任を考えてみます。責任の問題を云々する前には、もちろん原因が何であるかを究明し、関係者には事実をきちんと話してもらって、将来の事故の未然防止にどうつなげるかが重要です。責任について今回は簡単にいえば、想定が甘かった。私には、甘い基準をずっと保ってきた国に責任があると思いますが、事業者にも当然責任があるでしょう。特に事業者は、国の基準を超えて、State of the art、最新の技術でいかに安全水準をよりげていくかという努力を常に行っていたのか。問題があったのではないかと思われます。

原子炉における最大リスク

- **核燃料物質は、常に冷却していないと安全状態を保てず、「停止の安全」が成り立たない**
- 急激な核分裂（臨界）…核分裂の制御の喪失…→核爆発、高濃度放射性物質の拡散
- 核燃料の溶解（炉心溶融：メルトダウン）…冷却機能の喪失…→水素発生、水素爆発、原子炉破壊、高濃度放射性物質の拡散
- 福島第一原発（沸騰型）では、核分裂の制御も、冷却機能も、電源の存在が必須
- リスクはゼロではない！

もう一つ、背景にある見逃せない問題として、どんなものでもリスクがあるのは当然なのに、絶対安全を要求し、原子炉の設置は認めないというムードができあがっていたことです。安全装置や故障した後の対応を用意すると、人々が実は安全ではないのではと疑問を抱き、原子炉は危ないものだと思って作らせない方向に向かうため、事業者は「絶対に安全だ」に近いことを言い出し、避難準備などがかえってできなくなります。人は、本質的ではない小さな事故でも、ものすごく非難します。このため原子力関係者はムラ意識で、自らはあまり情報を表に出さないようになってきました。この意味で、私たち一般の人にも責任はあるのです。

◉リスクが極めて高いシステムに関する安全設計思想

リスクが非常に大きなシステムをどういう考え方で設計すべきか。安全学の立場からすると、二つの考え方があります。一つは、本質的安全設計です。故障すると自然に安全になる構造を作っていきます。これは列車などのように止まれば安全といったもの、ロボットも動かさなければ安全で、故障したら何もできなくなり安全側になってしまう、そういうものを構造的に作るという発想です。いわゆるフェールセーフシステムです。

もう一つは、今の原子炉のように、常に制御しながら安全を保つ発想です。ある意味では能動的に安全を実現するわけで、制御安全、機能安全などはこの考えです。失敗すれば事故になるわけで、確率的に事故率を下げようと懸命に努力するところから、確率安全という言葉も使っています。機能をし続けることで安全を確保する考え方です。それでも失敗する確率は残りますが、それを許容可能と考えるまでリスクを小さくして、安全を保つという概念です。許容可能かどうか、我々がそれを認めるか認めないかは、まず安全基準が関係者の合意で定められ、その安全基準に従って安全システムが許可されます。しかし、福島第一原発事故のように、何万年に一度しか起きないかもしれないくらいリスクが小さくても、ひとたび起きればこれほどまでに大きな被害になってしまうことがある。原発のリスクは許容可能だ、安全だ、皆認めましょうという考え方もありますが、一方で、国民全体がこれはやはり安心できないということであれば、原発建設を止めることもあり得ます。日本のように地震や津波の多い国での原発建設は止め、もっと安定した国で原子力を安全なシステムとして運営する、という考え方もあるでしょう。

あとがき

安全は、科学的根拠を大事にするとともに、人間の価値観も考慮して、事故、災害、疫病などを正当に恐れ、安全を正当に評価する態度と考え方を身に付けることが大事であると考えています。本書でも何度も述べていますが、安全を守り、創るのは、国、企業、専門家それぞれの役割がありますが、被害を受けるのも、自分の身を守るのも、そして、安全な世界で前向きに楽しく生活するのも私たち個人です。個人にも安全を守り、創るという意味での役割が間違いなくあります。そのためには、安全については、他から言われるのではなく、自分の頭で、自分自身で考える必要があります。本書が、皆さんが安全について自分で考えるきっかけになればありがたいと思います。さらに、安全の専門家や、安全にかかわる方々にとっては、本書の体系的な安全の考え方の下で、各人の専門の分野の安全を深く掘り下げていただくための羅針盤になればと考えています。

全世界的な新型コロナ汚染の爆発的拡大を経験して、新しい価値観を求めて世界は大きく変わろうとしています。これまで拡大してきた地球温暖化、文化・宗教・人種的な分断、経済的格差等の課題解決に向けて、発想を転換すべき時期ではないでしょうか。多様性の尊重等の基本理念のもと、協調しながら皆で同じ方向に向けて力を合わせて努力すべき時です。求めるべき新しい価値観の一つに、私は、安全と健康に基づいた明るく生きがいをもって皆が幸せに生きるというウェルビーイングの概念があると考えています。安全・健康に裏打ちされたウェルビーイングは、働く人々と企業と社会の三つを継ぐ貴重な価値観です。したがって、安全の仕事に従事することは、社会を明るくすることに貢献する夢のある仕事なのです。本書は、安全の基礎を確認し、新しい価値観の創造に少しでもお役に立てれば、大変有難いと思います。

最後になりますが、セーフティグローバル推進機構（IGSAP：Institute of Global Safety Promotion）が、企業の経営層や管理層、及びスタッフのための安全に関する資格制度として、セーフティオフィサ（ＳＯ）資格認証制度（*1）を設けており、そのためのｅラーニング用のビデオを作っています。実は、本書は、その講演形式のビデオから重要な内容を抜き出してまとめたものであり、このＳＯ資格を取得しようとされる方の参考書にもなると考えて作成しています。逆に、本書を読まれて安全の資格を取得しようという気になられた方は、ぜひ、挑戦されることをお勧めします。このビデオの内容もそうですが、本書で紹介している安全学については、すでに、基本文献である『入門テキスト安全学』（*2）が出版されており、さらに深く勉強したい人は、参考にしていただければ幸いです。

本書をまとめるにあたり、日本規格協会の福田優紀さんに大変お世話になりました。福田さんの精密で正確で忍耐強いご支援がなければ、本書はでき上がりませんでした。最後に、深く感謝申し上げます。

（*1）セーフティオフィサ（ＳＯ）資格認証制度―一般社団法人セーフティグローバル推進機構（institute-gsafety.com）

（*2）向殿政男、入門テキスト安全学、東洋経済新報社、2016-3

23) 中央労働災害防止協会，ISSA 及びビジョンゼロについて，https://www.jisha.or.jp/international/topics/201808_02.html
24) 日本 WHO 協会：世界保健機関（WHO）憲章とは，https://japan-who.or.jp/about/who-what/charter/
25) 厚生労働省(2018)：雇用政策研究会報告書（案）～人口減少・社会構造の変化の中で，ウェル・ビーイングの向上と生産性向上の好循環，多様な活躍に向けて～平成 30 年度第 8 回雇用政策研究会　配付資料 2，https://www.mhlw.go.jp/content/11601000/000467969.pdf
26) ISO 12100:2010, Safety of machinery—General principles for design—Risk assessment and risk reduction
27) JIS B 9700:2013，機械類の安全性—設計のための一般原則—リスクアセスメント及びリスク低減
28) IEC 61508 Ed. 2.0:2010, Functional safety of electrical/electronic/programmable electronic safety-related systems
29) ISO/IEC Guide51:1999, Safety aspects—Guidelines for their inclusion in standards
30) (社)日本機械工業連合会編，向殿政男監修(1999)：ISO“機械安全”国際規格，日刊工業新聞社
31) 向殿政男（監修），宮崎浩一，向殿政男（共著）(2007)：安全の国際規格　第 1 巻　安全設計の基本概念 p.43，日本規格協会
32) 柚原直弘（編集），稲垣敏之（編集），古川修（編集）(2012)：ヒューマンエラーと機械・システム設計 p.69，講談社
33) つだかつみ，日経ものづくり 2010 年 2 月号，pp.130，日経 BP マーケティング
34) 厚生労働省(2012)：「改正労働安全衛生規則第 24 条の 13」および指針の概要，「機械の包括的な安全基準に関する指針」による機械の残留リスク情報等の提供の流れ，https://www.mhlw.go.jp/bunya/roudoukijun/anzeneisei14/dl/120521_01.pdf
35) 厚生労働省(2007)：「機械の包括的な安全基準に関する指針」の改正について，基発第 0731001 号，2007-71908080-a00.pdf(mhlw.go.jp)
36) 製品評価技術基盤機構(2004)：消費生活用製品の誤使用ハンドブック，https://www.nite.go.jp/data/000004321.pdf
37) 向殿政男(2018)：中災防ブックレット　Safety2.0 とは何か？隔離の安全から協調安全へ，中央労働災害防止協会
38) 国土交通省(2009)：シティハイツ竹芝エレベータ事故調査報告書
39) 消費者庁(2010)：「食品 SOS 対応プロジェクト報告」での検討資料
40) 消費者庁(2010)：こんにゃく入りゼリー等の物性・形状等改善に関する研究会報告書
41) 原子力規制委員会(2014)：九州電力川内原子力発電所設置変更に関する審査結果について—概要—
42) 向殿政男(2016)：入門テキスト安全学，東洋経済新報社

引用参考文献

1) 西尾実（ほか編）（1963）：岩波国語辞典第二版，岩波書店
2) 文部科学省(2004)：「安全・安心な社会の構築に資する科学技術政策に関する懇談会」報告書
3) ISO/IEC Guide 51:2014, Safety aspects—Guidelines for their inclusion in standards
4) JIS Z 8051:2015，安全側面—規格への導入指針
5) 村上洋一郎(1998)：安全学，青土社
6) 厚生労働省：労働安全衛生法（昭和四十七年法律第五十七号）
7) 中央労働災害防止協会(2009)：日本とイギリスの労働災害発生率の差異について，https://www.jisha.or.jp/international/statistics/200903_01.html
8) 日本産業標準調査会，https://www.jisc.go.jp/
9) 中央労働災害防止協会(2000)：安全対策の費用対効果—企業の安全対策費の現状とその効果の分析—
10) The International Social Security Association(ISSA)(2012)：Calculating the International Return on Prevention for Companies: Costs and Benefits of Investments in Occupational Safety and Health
11) 杉本旭(2016)：明治大学リバティアカデミー米国 UL 寄付講座「製品と機械のリスクアセスメント」資料
12) ISO 45001:2018，Occupational health and safety management systems -- Requirements with guidance for use
13) JIS Q 45100:2018，労働安全衛生マネジメントシステム—要求事項及び利用の手引—安全衛生活動などに対する追加要求事項
14) 中央労働災害防止協会(2020)：JISHA 方式 OSHMS 認証の効果
15) 日本認証(2019)：安全資格認証制度のご案内，https://www.japan-certification.com/wp-content/uploads/SA_pamphlet_201905.pdf
16) 日本認証(2021)：資格者推移，https://www.japan-certification.com/certifying-examination/qualification_transition/
17) Reason, J.(1997)：Managing the Risks of Organizational Accident, Ashgate Publishing. 塩見弘（監訳）(1999 年)：組織事故，日科技連出版社
18) 高野研一(2007)：産業現場における安全文化の醸成に関わる諸問題，ヒューマンファクターズ Vol.12, No.1, pp.24–30, 日本プラント・ヒューマンファクター学会
19) セーフティグローバル推進機構(2017)：未来安全構想，https://institute-gsafety.com/wp/wp-content/uploads/2019/08/miraianzen.pdf
20) 国連持続可能な開発目標，https://sdgs.un.org/
21) 国際連合広報センターウェブサイト，https://www.unic.or.jp/activities/economic_social_development/sustainable_development/2030agenda/sdgs_logo/
22) ビジョンゼロ，http://visionzero.global/ja

し

す

せ

そ

た

ち

て

と

に

の

は

ひ

索　　引

清水 尚憲（しみず しょうけん）

独立行政法人 労働者健康安全機構 労働安全衛生総合研究所 建設安全研究グループ 部長、博士（工学）、システム安全修士（専門職）
長岡技術科学大学大学院技術経営研究科システム安全専攻専門職学位課程終了。1984年に労働省産業安全研究所（現・独立行政法人 労働者健康安全機構 労働安全衛生総合研究所）に入所、現在に至る。
日本機械工業連合会、中央労働災害防止協会、日本保安用品協会の各種委員・主査を歴任。
主な著書に『管理・監督者のための安全管理技術基礎編、実践編』（共著、日科技連出版社）
労働安全コンサルタント（厚生労働省登録機械、第539号）

著者紹介

向殿　政男（むかいどの　まさお）

明治大学名誉教授、顧問、工学博士
（公財）鉄道総合技術研究所会長、（一社）セーフティグローバル推進機構会長
明治大学大学院工学研究科電気工学専攻博士課程修了、明治大学工学部教授、同理工学部教授、情報科学センター所長、理工学部長等を経て現職。
経済産業省製品安全部会長、国土交通省昇降機等事故調査部会長、消費者庁参与を歴任。
主な著書に『よくわかるリスクアセスメント』（中災防）、『安全学入門—安全の確立から安心へ』（共著、研成社）、『入門テキスト安全学』（東洋経済新報社）

北條　理恵子（ほうじょう　りえこ）

独立行政法人 労働者健康安全機構 労働安全衛生総合研究所 機械システム安全研究グループ 研究推進・国際センター（国際担当）
1984年看護師、1985年助産師免許を取得後、自治医科大学附属病院産科病棟に3年間、民間の産科病院に2年間勤務。その後、駒澤大学文学部心理学コースに入学。同大学大学院にて1996年修士（心理学）取得。博士後期課程在学中の1999–2004年まで米国ロチェスター大学でvisiting scientistとして行動毒性学を学ぶ。帰国後に東京大学にて博士（獣医）を取得。国立環境研究所、産業技術総合研究所勤務を経て現職。
現在、機械システム安全研究グループに所属し、上席研究員として、作業者の目線からの安全制御システムの有効性評価、適切な作業行動のための行動分析学的介入研究に従事。日本行動分析学会、日本機械学会会員。

安全四学
—安全・安心・ウェルビーイングな社会の実現に向けて
定価：本体 2,200 円(税別)

2021 年 10 月 29 日　第 1 版第 1 刷発行

著　者　向殿政男・北條理恵子・清水尚憲
発行者　朝日　弘
発行所　一般財団法人 日本規格協会
〒 108–0073　東京都港区三田 3 丁目 13–12 三田 MT ビル
https://www.jsa.or.jp/
振替　00160–2–195146
製　作　日本規格協会ソリューションズ株式会社
印刷所　株式会社平文社
製作協力　有限会社カイ編集舎

ISBN978–4–542–30708–7